国家社科基金文化遗产保护(

文化遗产保护人才队伍建设研究（24VWB028）

# 北京新街口
# 建筑文化

李雪华　陈雳　著

中国建筑工业出版社

审图号：京S（2025）032号

**图书在版编目（CIP）数据**

北京新街口建筑文化 / 李雪华，陈霭著. --北京：
中国建筑工业出版社，2025.5. --ISBN 978-7-112
-31051-7

Ⅰ. TU-092.913

中国国家版本馆CIP数据核字第20257G1S93号

责任编辑：黄习习　徐　冉
责任校对：王　烨

北京新街口建筑文化

李雪华　陈　霭　著

\*

中国建筑工业出版社出版、发行（北京海淀三里河路9号）

各地新华书店、建筑书店经销

华之逸品书装设计制版

建工社（河北）印刷有限公司印刷

\*

开本：787毫米×1092毫米　1/16　印张：12¾　字数：214千字

2025年6月第一版　2025年6月第一次印刷

定价：**68.00**元

ISBN 978-7-112-31051-7

（44651）

# 序

北京既是政治中心，又是历史文化名城，它的建城历史长达3000多年，建都史870余年，多年的积淀形成了厚重浓郁的京派文化。新街口位于北京市西城区的西北角，是北京老城重要的组成部分，历史文化资源丰富，历史上的皇城文化、士子文化、民俗文化、宗教文化以及商业文化集聚于此，构成了多元共存的独特文化形态。

从建筑文化的角度来看，新街口地区更是精彩纷呈，不仅仅在于其丰富的建筑类型，更在于历史岁月延绵至今保留下来的城市遗产集群，是凝聚历史、展示现在并可以憧憬未来的活态有机体。新街口建筑的特色就是文化性与多元化，既有古香古色的妙应寺白塔、历代帝王庙、广济寺，又有新式的鲁迅博物馆、徐悲鸿纪念馆、梅兰芳大剧院……街巷胡同是北京老城的血管脉络，在这里街巷胡同主次有序、浑然一体，而且特色鲜明、肌理完整，保存至今的西四北头条至八条就是典型的案例。

进入21世纪，北京传统的城市文化亟需高品质的传承和发展，这是国家文化发展的方向，是北京中轴线申报世界文化遗产的要求，也关系到居民生活与工作环境的品质。

在近几十年城市更新的过程中，新街口发生了巨大的变化，该片区的北部、西部改变较大，原有风貌有所缺失，但是该区域主要的建筑遗产都保留了下来，传统道路街巷格局也比较完整，这为传统文化的保护传承提供了基本的条件。

一个传统的历史街区，所拥有文化特色的完整度越高，越鲜明，街区的文化价值就越高。在欧洲，很多城市尽其所能地挖掘文化内涵，哪怕并不醒目的一个文化主题，也极力宣传，突出强化，做到家喻户晓。而我国很多城市具有深厚的历史文化，却常因保护和弘扬不到位，或者过度商业化，没能得到更好的保护利用，十分可惜。新街口这样历史悠久、内涵丰富的街区需要对其多元文化充分阐释，让更多的人知道，参与其中，融入现代生活，做好合理充分的活化利用。

全书从新街口的建筑遗产入手，对区域内的街巷、胡同、院落以及各类建筑进行归类详述，结合各古籍文献和各时期的历史地图，介绍了它们的历史沿革、发展演变、风格特征以及现状，以点带面，系统地描绘出了新街口建筑的变迁，深入挖掘了其历史价值和文化价值。本书既是对北京历史街区研究工作的一次系统总结，同时也是一份了解新街口建筑文化生动翔实的资料。

在当前国家倡导文化遗产保护传承的大好形势下，本书的出版将对推动北京历史文化名城的保护工作、弘扬民族传统文化、推动城市和谐有序发展具有积极的作用。

胡越

北京建筑大学教授，博士生导师

全国工程勘察设计大师

2024 年 12 月 1 日

# 目录

绪

论

新街口是北京城内的一个重要区域，承载了丰富的历史文化。新街口的渊源可以清晰地追溯到元朝，当时为了加强元大都的漕运而修筑了通惠河，并在终点处形成了一片巨大的湖泊——积水潭，成为元大都的漕运中心。该地段工商业的繁荣也由此开启。朱棣迁都北京后，进行了水系改造，积水潭水域面积逐渐缩小，周边形成了居民区。为了区别于老的街巷，开辟了"新开路"，后更名为"新街口"。明朝时期有日中坊、朝天宫西坊、河漕西坊、鸣玉坊四坊分布其中，居民日多，商业繁华，街巷密布，一派人间烟火气象。在这种街巷格局的基础上，新街口持续发展完善，各类建筑蓬勃生长。如此生动鲜活的发展经历，注定了新街口不同寻常的身份与未来。

清顺治初年实行满汉分居政策，迫令汉人搬至外城，内城住旗人，外城住非旗籍居民，新街口由正红旗大部及正黄旗西北部一角组成。一直到清末，随着外来文化的输入，新街口涌现出一系列的教堂建筑，北京工匠也开始在民居中建造西式洋楼。民国之时，早年的兵营已经荒废，形成庞大的平民聚集地，后陆陆续续成立了一批教育机构，新街口的文教特性开始凸显出来。同时，新街口留存下了许多值得骄傲的红色记忆。新中国成立之后，大尺度的道路与大体量的建筑相继出现。1950年代至改革开放期间，展览馆、办公大楼、新式居住小区陆续建成，增添了很多现代气息，同时商业也迅速发展起来。

特色的街巷胡同是新街口区域的一大特点。元朝把北京城分为50个居民区，称作坊，坊上有门，门上署有坊名，便于行政管理。每坊包括若干牌，牌下设若干铺，每铺又有若干条胡同。明清是北京胡同发展最为繁盛的时期，外城完工之后，胡同成倍地增长，明朝新街口街道和胡同依旧继承了棋盘式道路网布局。清朝北京人口逐渐增多，街巷胡同增加到2077条，几乎是明朝的两倍。新街口区域城市肌理丰富，街巷胡同的类型和结构也很复杂，按照由北到南的顺序可以分为穷西北套、平安里—新街口、白塔寺和朝天宫、西四等几个区域。

经过了元、明、清三代的演变，清朝北京四合院已经体现出明显的特征。清末北京城中的许多王府大院开始衰败，失去了昔日的气派，但很多特色的院落还是保存了下来，如西四北头条至八条的历史文化保护区就有很多完整的院落。门楼是指四合院临街的大门建筑，不同形状、体量、装饰能反映居住者不同的社会地位与财富。传统门楼有六种：王府大门、广亮大门、金柱大门、蛮子门、如意门、随墙门。它们在新街口都有所体现，并且随着明清时期西洋文化的风行，又出现了东西交融的西洋门楼。

此外，福绥境大楼是区域内另一个特殊的存在，又被称为"人民公社大楼""共产主义大厦"，于1959年竣工，体现了人民公社的设计理念，是现代主义高层住宅的早期实践。其建筑功能布局和建造技术也体现了当时的前沿水准。该建筑与白塔寺毗邻，因其巨大的体量，与周边环境形成较大的反差。

近代以来，新街口的传统文化与外来宗教文化相互融合，形成了多教并存、中西兼容的宗教建筑文化。新街口的宗教建筑可划分为四种类型：佛教寺庙、天主教堂、清真寺和道观。保留至今的代表性宗教建筑包括广济寺、妙应寺（又称白塔寺）、历代帝王庙、西直门教堂、正源清真寺等。广济寺又称"弘慈广济寺"，是我国著名的"内八刹"之一，历经800余年兴衰更替，不仅是汉传佛教在北京地区传播与发展的历史见证，也是传承中国传统建筑艺术的重要载体；白塔寺位于北京市西城区阜成门内大街，是一座藏传格鲁派的佛教寺院，寺中白塔有着独特的造型与特殊的结构，是中国现存年代最早、规模最大的覆钵式塔，反映了汉地与藏地悠久的文化交流；历代帝王庙是明清两朝祭祀炎黄祖先、历代帝王和功臣名将的场所，体现了中华民族悠久的历史和强大的文化凝聚力，具有特殊的爱国意义。

王府是清代诸王行政与生活的居所，也是仅次于皇宫的建筑群组。清代中后期王府则多集中在西城，"三海"地段常有皇室活动，又有许多八旗贵族学校，西四北和什刹海地区就建有很多王府。通过调研发现，新街口曾经有王府建筑14座，现存较为完整的王府仅剩魁公府与礼多罗贝勒府两座，其余12座保存已不完整，甚至只有基址尚存，建筑遗迹也不复存在。

新街口也是历史上名人荟萃之地。据不完全统计，该地区拥有30余处名人故居，每一处都伴有生动的历史故事。这些建筑不仅是宝贵的文化遗产，也是富有教育意义的历史场所，吸引各地的游客参观学习，感受优秀历史人物的精神力量。其中最著名的当属北京鲁迅旧居，位于北京市西城区新街口街道阜成门内宫门口二条，2006年被评为全国重点文物保护单位，该建筑也是鲁迅博物馆的一部分。

新街口还有一类重要的建筑类型——文教建筑。近代以来，新街口各类学校云集，是北京重要的文教中心。近代早期的旧式书院有正红旗官学

（今北京师范大学京师附小）和右翼宗学堂（今北京第三中学），新式学堂有高等实业学堂（北京工业专门学校的前身）、八旗第四高等小学堂（现京师附小）以及1904年创立的内务府三旗初等第六小学堂（现黄城根小学）。民国时期建立的学堂有北京大学校长蔡元培于1918年创办的北京美术学校，以及1924年创办的畿辅大学，后者的建筑呈现出折中主义风格。新中国成立之后，新街口的文教建筑有了更大的发展，全面实现了文化繁荣。

新街口以其深厚的历史积淀、多元的文化传统和蓬勃生长的活力成为北京独有的文化重地。在这里，人们可以感受到传统与现代、中华与世界的交汇融合，体验到建筑的丰富和优美。

# 1

新街口的发展历史

北京城拥有三千多年的城市历史，是国家级历史文化名城。北京城的历史，远溯至周武王所封的燕蓟二国，中经秦汉统一后的北陲军事重镇幽州，到辽王朝在这里建南京城。从1153年金迁都金中都开始，北京又顺次成为金、元、明、清朝代的都城，至2023年，经历了870年的建都史。北京是中国的文化中心，不仅沉积了深厚的古代文化底蕴，还呈现出现代的勃勃生机（图1.0-1）。

北京的西城区作为北京建城、建都的肇始之地，历史上曾是古蓟城、唐幽州、辽南京、金中都的核心地带，元、明、清三朝古都的西半部，历史文化遗存十分丰富。新街口作为西城区的重要组成部分，见证了北京城三千多年历史文脉连绵不断的历程，自元朝建都开始至明清都城发展完善的全过程，也是能体现北京建城、建都历史变迁全过程的重要区域。如今的新街口拥有着众多古老的街巷胡同和丰富的历史文化资源，是皇城文化、士子文化、民俗文化、宗教文化以及商业文化等各种文化共存的区域。

在北京有一首流传了四百多年的童谣，朗朗上口，直到今天还被频繁传诵，其中一连串的历史地名勾勒出一个历史悠久的传统地段，恰恰就是本书研究的新街口（图1.0-2）。

童谣《平则门，拉大弓》：

平则门，拉大弓，过去就是朝天宫。朝天宫，写大字，过去就是白塔寺。白塔寺，挂红袍，过去就是马市桥。马市桥，跳三跳，过去就是帝王庙。帝王庙，摇葫芦，过去就是四牌楼。四牌楼东，四牌楼西，四牌楼底下卖估衣。打个火儿，抽袋儿烟，过去就是毛家湾儿。毛家湾儿，扎根儿刺，过去就是护国寺。护国寺，卖大豆，过去就是新街口。新街口，卖冰糖，过去就是蒋养房。蒋养房，卖烟袋，过去就是王奶奶。王奶奶，啃西瓜皮，过去就是火药局。火药局，卖钢针，过去就是北城根儿。北城根儿，穷人多，草房破屋赛狗窝。

## 1.1 新街口的历史沿革

新街口，位于北京外城的西北方位，狭义上的定义是在北京市西城区北部的重要丁字路口，在城市结构上与东城区的北新桥路口对称，是构成北京

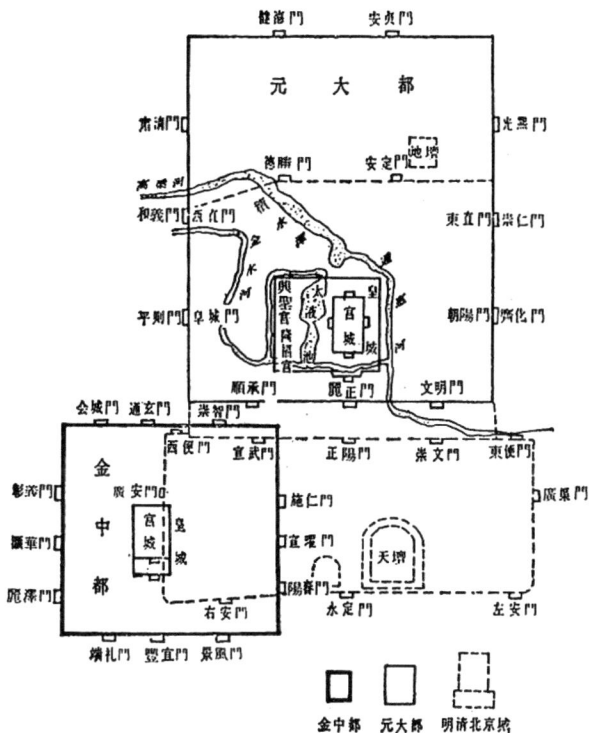

图 1.0-1  历代北京城

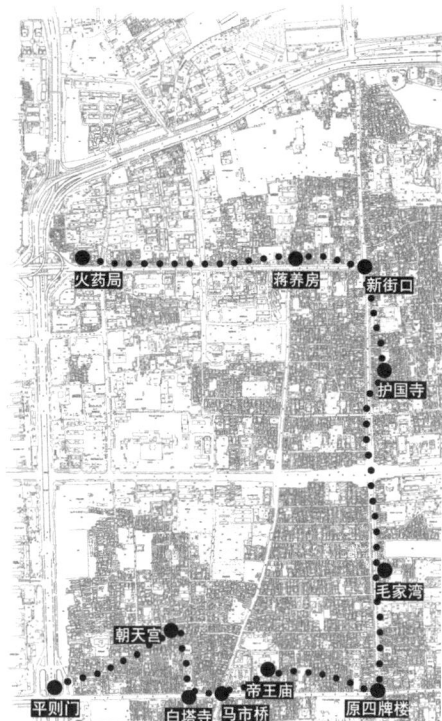

图 1.0-2  童谣地名路线

图片来源：潘谷西.中国建筑史[M].北京：中国建筑工业出版社，2015.

对称格局的重要组成部分。广义上的新街口则是指新街口街道，是西城区下辖街道，地处西城区中北部，东起新街口南、北大街、西四北大街与什刹海街道为邻，南至阜成门内大街与金融街街道接壤，西起西直门南大街、阜成门北大街与展览路街道相连，北至德胜门西大街与海淀区北太平庄街道隔街相望。辖区东西最大距离 1.5km，南北最大距离 2.8km，面积 3.7km²。

新街口的商业服务业有着悠久的历史，其中西四与临近新街口南大街的护国寺庙会，更是属于北京城商业最繁华的地区，其商业类型主要以各类专业小店铺为主，百货商场却较少，这与新街口发展初期北京市民的消费水平与方式有关。新街口的形成发展与其商业发展息息相关。

## 1.1.1 元朝

元朝为了加强大都的漕运而修筑的一条人工河——通惠河，在流入城市后，在终点处形成了一片巨大的湖泊，即积水潭，它是当时漕运的总码头，是水陆交通的咽喉。

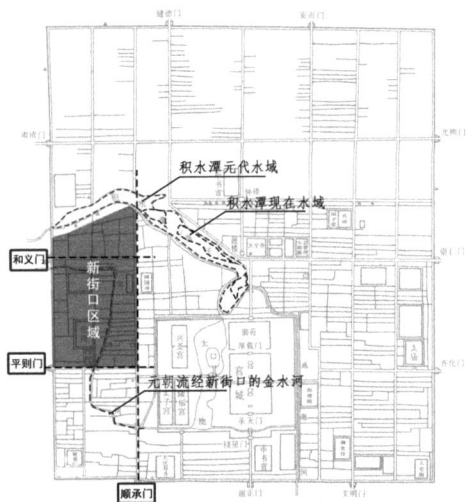

图 1.1-1　元朝新街口区域和积水潭水域对比

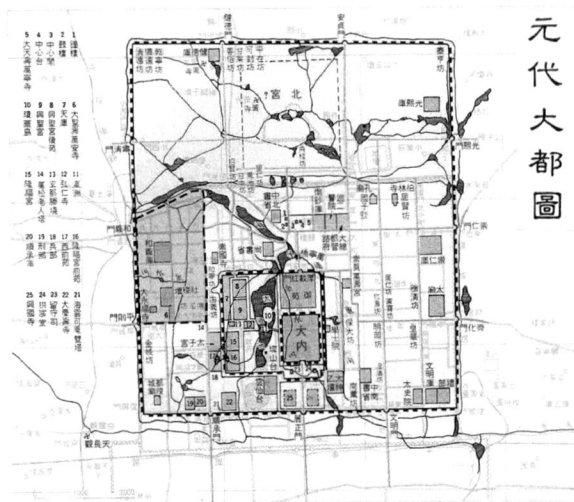

图 1.1-2　元大都的新街口

图片来源：程光裕，徐圣谟，张其昀.中国历史地图 [M].台湾：
中国文化大学华冈出版部，1984.

新街口大部分地段位于顺承门、和义门、平则门的延长线之内，而新街口东北侧紧靠南北大运河的终点积水潭，元朝积水潭更为宽阔，比现今的什刹海大若干倍（图1.1-1）。

积水潭作为元大都的漕运中心，极大地带动了沿岸地区的商业和文化繁荣。新街口彼时尚未得名，位置紧靠着西侧城墙，处于元大都西侧、和义门与平则门之间的区域，它的东北紧靠着积水潭，这成为新街口商业得以发展的重要原因，也使得这一带成为元朝最繁华的地区之一，类似于如今的火车站周边地区（图1.1-2）。

这一时期新街口内部路网布置较为稀疏，间距较大，西直门大街、早市大街等几条大街分布其中，主要建筑有和义库、社稷坛、大永福寺、大圣寿万安寺以及妙应寺。金水河流经此地，引护城河的水经北沟沿汇入太液池。

## 1.1.2 明朝

明大将徐达率部攻占元大都时，城内居民仅剩万余人。由于当时大都北部（今北土城路至北二环一带）居民稀少、地势空旷、不利城防，为了防御残存的元军侵扰，徐达下令将北城墙南移2.5km，就是如今的德胜门、安定门的位置。明军于钟楼北侧沿线（今北二环位置）建设一道新的土墙，成为明朝北京城北侧城墙的基础。

城墙西段就河道之势向西南方向偏移，形成了明清北京城池的西北缺角（今西直门）。同时，明北京城向南拓展至今长安街一带，北京内城格局基本形成并一直延续到今天，外城形成了如今围合新街口，西北侧自德胜门、安定门延伸的城墙雏形。

明永乐元年（1403年），朱棣得帝位而迁都北京，永乐十五年至十八年（1417—1420年）改建北京城，将原来通惠河的一段纳入皇城。正统三年（1438年）5月，大通桥闸造成。自此，通惠河的重点由积水潭码头移至大通闸。码头既废，填水为陆，原有的河道被填平成为道路。随着积水潭水域面积缩小并逐渐形成居民区，修筑道路过程中为了区别老的街巷，故称"新开路"，或"新开道街"，后变更为"新街口"。

新街口之名取于新街市繁荣之义。明嘉靖三十九年（1560年）成书的《京师五城坊巷胡同集》的"日中坊"界内有"新开路"（今为西直门内大街东段）地名出现，即"新街口"的前身。时隔33年，万历二十一年（1593年）出版的《宛署杂记》，"日中坊"界内第一次出现了"新街口"这样一个地名。又因开辟新街口北大街后形成了新的街市而得名。但是在明朝，"新开路"或"新街口"概念较为含糊，泛指新街口北大街、新街口西大街和新街口南大街接合部，又特指新街口丁字路口一带（图1.1-3）。

新街口在明朝时期有四坊分布其中，分别是西直门大街北侧、呈梯形的日中坊，西直门大街南侧的西部朝天宫西坊，中部河漕西坊，以及北沟沿以东的鸣玉坊。此时的胡同数量明显增多，划分更为细致，内部建筑也变得更为丰富，如宗教建筑：曹老虎观、朝天宫、帝王庙；各类库房工厂：安民厂、台基厂、草场、广平库（广备库仓、西新库）、阜成厂等（图1.1-4、图1.1-5）。

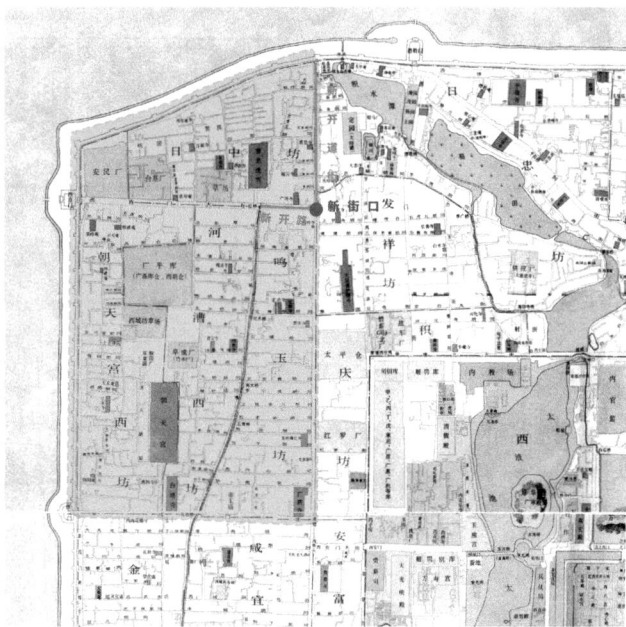

**图1.1-3　明朝的新街口**

图片来源：根据《明北京城复原图》改绘

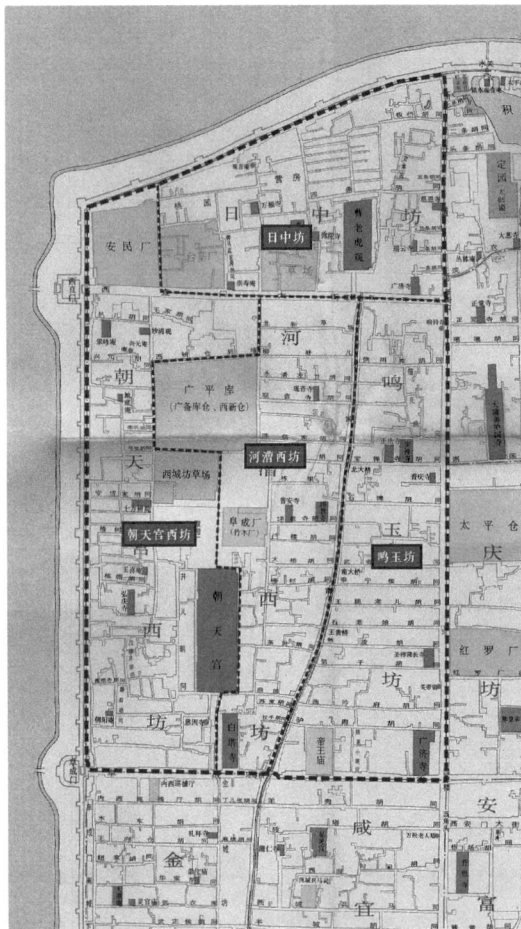

图 1.1-4　街坊划分

图片来源：根据《明北京城复原图》改绘

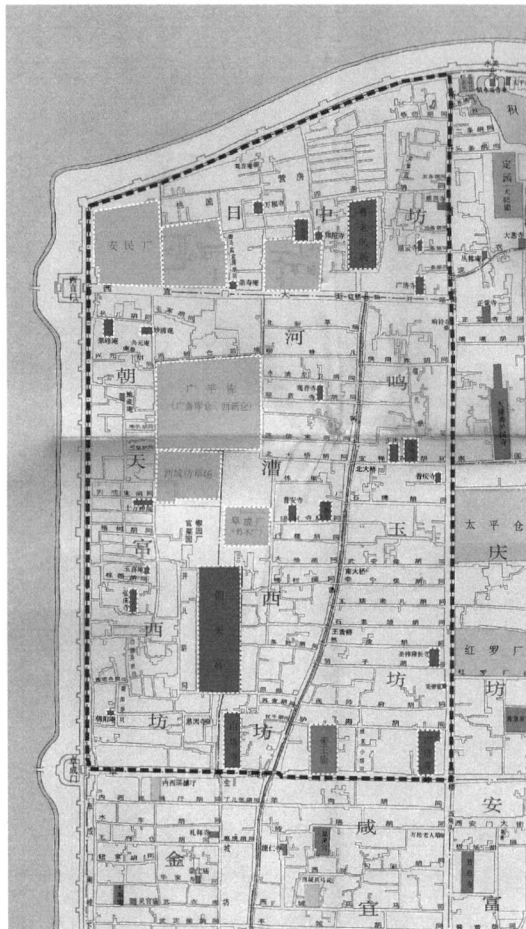

图 1.1-5　宗教、厂房建筑分布

图片来源：根据《明北京城复原图》改绘

### 1.1.3 清朝

清顺治初年实行了满汉分居政策，迫令内城汉人搬至外城，内城住旗人，外城住非旗籍居民，直接导致棋盘街的衰落。非旗籍的居民迁出内城后，内城成为一座兵营，由十几万八旗官兵携家眷驻防，成为"京旗"。外城的商业服务业得到了空前的繁荣，从而形成了内城的旗人文化和外城的宣南文化并存的城市文化形态。

今西城辖区内驻有四旗，其中新街口驻扎有两旗，即驻西直门内的正红旗和驻阜成门内的镶红旗，还有两旗是新街口以东的驻德胜门内的正黄旗和南部的驻宣武门内的镶蓝旗。有清一代，上述四旗官兵及其家属系西城的主体居民。清末，北京内城和京西三大营的旗籍人口有62万，西城旗籍人口当在30万以上（图1.1-6、图1.1-7）。

清朝，新街口位于北京西北角，由正红旗大部及正黄旗西北部一角组成。清朝基本沿袭明朝建制，之后陆续有过调整，但整体格局变化不大。清末，新街口地域已扩大，北起城根叫"新街口北街"，南至护国寺大街叫"新街口南街"，西至北沟沿（今赵登禹路一段，原明河槽）叫"新街口西街"（图1.1-8）。

清末实行新政，西城区境内为内右一至内右四区、中二区，新街口街道辖区属于右二区。近代随着外来文化的输入，新街口涌现出一系列的教堂建筑，北京工匠也开始在民居中建造西式洋楼。

## 1.1.4 民国

民国时期，新街口北和西的地段未变，南面延至今前车

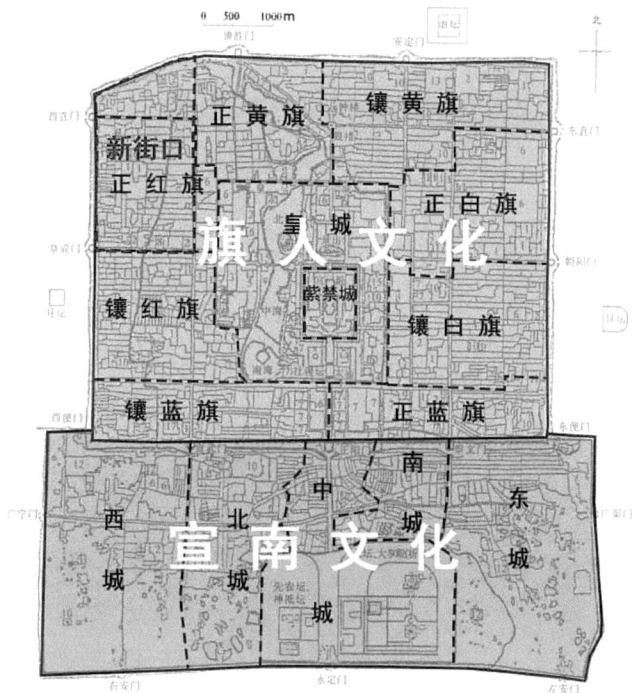

**图1.1-6 清朝内满外汉的布局**

**图1.1-7 《万寿庆典图》中的新街口**
图片来源：故宫博物院馆藏

胡同，民国5年（1916年），新街口为内右四区，民国35年（1946年），内右四区更名内四区。

新街口丁字路口西北侧在民国时期已有衰名："穷西北套"，形似一个缺角的长方形。彼时童谣唱道："北城根儿，穷人多，草房破屋赛狗窝"（图1.1-9）。

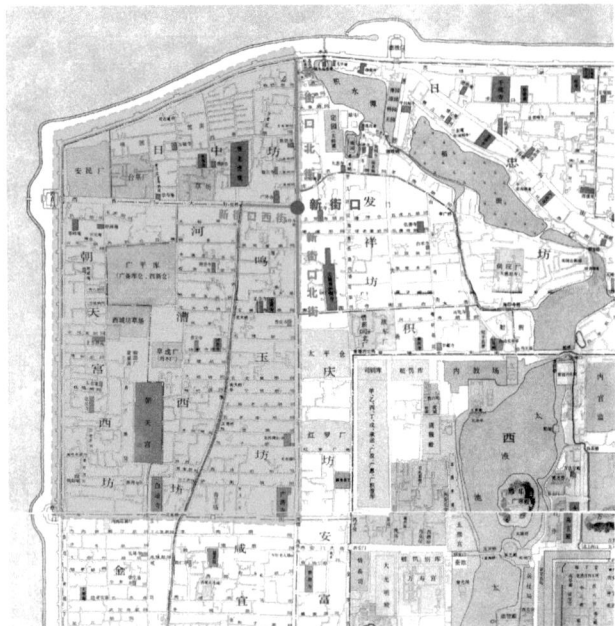

图1.1-8 清朝末期的新街口
图片来源：根据《明北京城复原图》改绘

图1.1-9 西北套地区
图片来源：根据《精绘北京地图》改绘

受旗民分居的影响，此地驻扎守城旗兵，且眷属依附，随之平民涌入。西直门内大街为一条贯穿东西大街，以北为正黄旗安置地，以南为正红旗安置地，康熙年间开始在路北搭建排排营房，开设练兵校场，但延续至清朝末年，像大清国的国运一般，日趋没落、破败。到了1910年代，民国建立之时，兵营早已散落，这里便形成庞大的民居聚集地。

1924年，北京新建了有轨电车系统，这也是北京历史上最早的公共交通车辆，电车始发于正阳门车站，线路途经新街口站（图1.1-10、图1.1-11）。

这一时期，北京陆陆续续成立了一批现代的文化教育机构，如北京大学、北京师范大学、燕京大学、辅仁大学、北京协和医学院等，这些机构大多由王府、寺院等改建而成。新街口这一带是文化设施集中的区域，历代帝王庙周边分布有中央医院、平民中学，原宝业学堂和艺徒学堂更名为国立北京大学工学院和北京师范学校，沿西直门大街南北分布着儿童图书馆、东北大学。除此之外，该片区内还散布有北洋商业学院、北师女校、阜城中学以及郁文中学等。这些教育机构的存在，构成了新街口教育文化的重要组成部分（图1.1-12）。

1935年12月9日，北平大、中学生数千人举行了抗日救国示威游行，反对华北自治，反抗日本帝国主义，要求保卫国家的领土完整，聚集地点就在如今的西直门外，"一二·九"抗日救亡运动掀起全国抗日救国新高潮。新街口留存了许多这样值得骄傲的红色记忆（图1.1-13）。

**图1.1-10　前门到西直门的有轨电车**
图片来源：美国社会学家甘博拍摄

**图1.1-11　西四牌楼与电车轨道**
图片来源：美国社会学家甘博拍摄

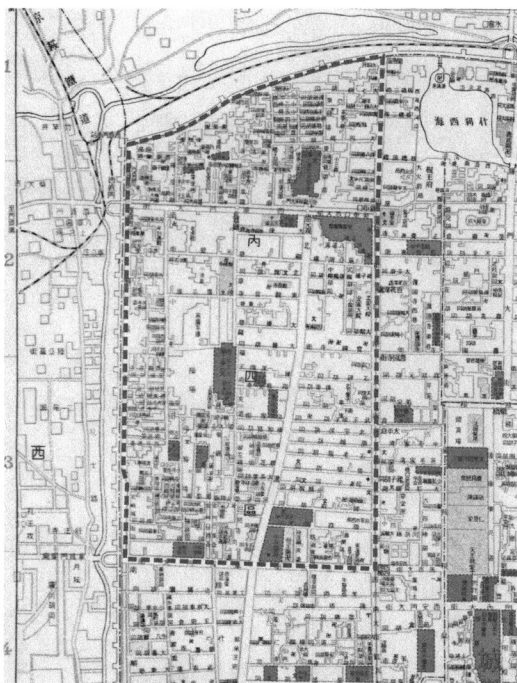

**图1.1-12　文化教育机构分布**
图片来源：根据《最新北京市街地图（1948）》改绘

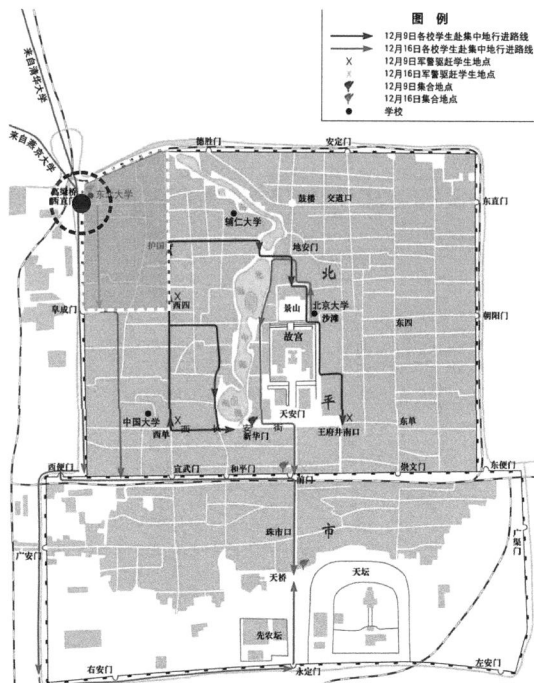

**图1.1-13　"一二·九"运动游行线路图**
图片来源：湖南省交通运输厅. "一二·九"运动游行线路图
[EB/OL]. (2021-06-08). https://jtt.hunan.gov.cn/

## 1.1.5 新中国成立至改革开放

1949年1月31日，北平宣告解放，中国人民解放军从西直门入城与国民党军队交接北平防务。2月3日，中共中央决定中国人民解放军在正阳门举行庄严的入城仪式。入城的队伍分两路，分别从永定门和西直门进入北平城。其中一路队伍从西直门入城，经新街口折行至太平仓与另一路队伍会合，再折向南行经西四牌楼、西单牌楼，经长安街转向和平门，最后从广安门出城。可以说，在北平和平解放的一系列活动中，西直门成为重要的地标（图1.1-14、图1.1-15）。

新中国成立后，北京的城市规划与建设受到苏联城市规划模式的影响。北京城的新规划思想有两点：其一是改造老城，其二是将北京建设成为大型的工业城市。在此规划思想下，行政中心以宫城为核心向外辐射，至新街口，其城市干道数量增加，街道尺度发生了明显改变。新道路和新功能的引入，使得街区内部原本"胡同—四合院"的模式改变，出现了"大街区、宽马路"的城市格局。

大尺度的道路体系伴随着大体量的建筑出现，1950年代以前，新街口保持整体较为低矮的小尺度建筑。1950年代至改革开放期间，展览馆、办公大楼、居住小区出现在了新街口。1958年，西城区委为响应城市人民公社的号召，在宫门口三条与平安巷之间建了一座8层的N字形"公社大楼"，取名福

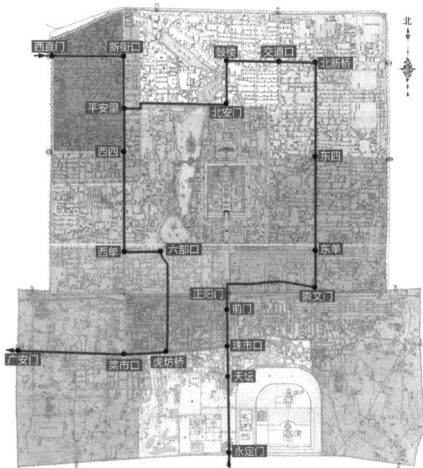

图1.1-14　解放军入北平路线图

图1.1-15　西直门入城部队

图片来源：美国埃德加·斯诺拍摄

图1.1-16 改革开放前西四的重要建筑

图1.1-17 福绥境大楼

图片来源：北京市城市建设档案馆提供

图1.1-18 拆除中的西直门城楼（1969年）

图片来源：西城区政协文史资料委员会.白塔寺地区 [M].北京：
中国文史出版社，2011.

图1.1-19 西直门拆除中城台上剩余柱子

图片来源：北京市城市建设档案馆提供

绥境大楼。同时期还建立了北京市政总院，北京结核病控制研究所，以及数量不多的高层住宅，并对官园公园进行了整体修整（图1.1-16、图1.1-17）。

自1953年开始，北京城外部城墙拆除，在原位置建设环路，几年内，外城城墙全部拆除完毕，其中包括新街口的一段。1969年，正值北平和平解放二十年之际，为了修建环线地铁，西直门城楼、箭楼等被拆除。现在的西直门，已经不再指西直门城门了，而成为这一地段的名称，泛指西直门内、外大街与西直门南、北大街相交处的西直门桥附近的一大片区域（图1.1-18、图1.1-19）。

1965年，北京市整顿地名，新街口西大街并入西直门内大街。从新街口豁口至北三环中路，命名为新街口外大街。东起德胜门内大街，西至新街口北大街蒋养房胡同的街道改称新街口东街。

## 1.1.6 改革开放之后

从改革开放开始，北京进入城市发展的加速阶段，城市建设量大幅上升。为顺应城市居民生活方式和出行方式的改变，城市功能区进一步调整划分，这一地区内的轨道交通、快速路和宽马路快速增加，地区路网不断细化，对道路进行了拓宽；新街口街道北部、中部与西部地区新建了众多项目，类型涉及住宅、学校、企业办公；街道的南部和东部出于旧城保护的考虑，仍然保持着谨慎的开发模式。1982年2月，在官园地段筹建中国少年儿童活动中心。同年，中国儿童发展中心也在官园内成立（图1.1-20）。

**图1.1-20　中国儿童中心**

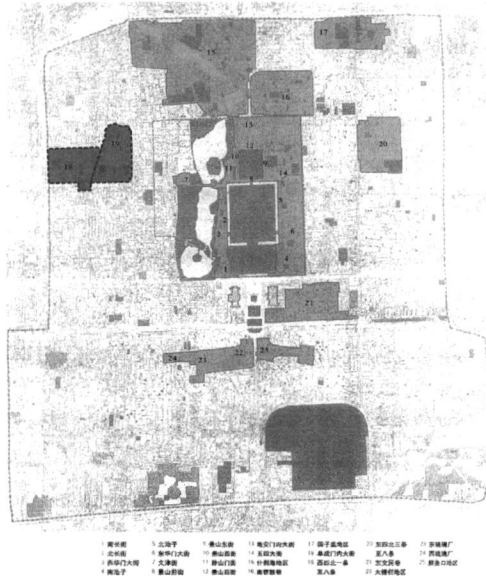

**图1.1-21　25片历史文化保护区**

图片来源：北京规划建设，2000（06）：17.

在城市发展的过程中，针对旧城保护的问题也逐渐推进，在著名建筑学者梁思成、陈占祥以及其后的吴良镛等的建议下，北京旧城的部分遗产得以留存。1990年11月23日，北京市人民政府公布第一批历史文化保护区，共25片。1999年8月6日，北京市人民政府公布《北京旧城历史文化保护区保护和控制范围规划》，重新划定了25片历史文化保护区，并划定保护和控制范围。2002年2月，北京市人民政府批准了北京市规划委员会组织编制的《北京旧城25片历史文化保护区保护规划》，其中就有位于新街口的阜成门内大街与西四北头条至八条历史文化街区（图1.1-21）。

新街口街道辖区内有中国少年儿童活动中心、北京青年宫、中国京剧院等单位以及历代帝王庙、白塔寺、广济寺、北京鲁迅博物馆等古迹。在多元文化的交织掩映下，新街口处处洋溢着勃勃的生机。

## 1.2 新街口商业发展

### 1.2.1 商业演变

元朝，由于新街口紧靠积水潭码头，具有得天独厚的区位优势，区域商业得到迅速发展，使得这一带成为元朝北京最繁华的地区之一。

明朝后期，新街口的工商业得到进一步发展。西四、鼓楼地区集中了较多的政府官员、王公大臣、工匠民夫和军队等不同层次的消费人群，人口密集，构成了比较强大的购买力，为该地区的商业发展创造了必要的条件。

作为北京"八大居"之一的老字号柳泉居饭庄，初址即在新街口南大街路东、护国寺街，是当年北京著名的黄酒馆。清末民初，《旧京琐记》一书中记载："又有柳泉居者，酒馆而兼存放（钱财），盖起于清初，数百年矣。"由此得证，当时许多信誉良好的酒馆都开设在繁华之处，而且提供存钱等金融性质的服务。但好景不长，到崇祯十七年（公元1644年）明王朝灭亡，京城的商业不再繁荣，新街口的商业也随之萧条起来。

清朝时期，满汉分居的政策间接促使北京城的文化、商业中心南移至外城，大批商贾店铺和汉民纷纷搬迁至城外落户，尤以宣武门外地区为盛，新街口同样受到一定影响，如这一地区出现了西四的禽畜市场、德胜门内的果子市和西四牌楼南的缸瓦市等。

康熙年间，包括新街口在内的北京各工商业地区都呈现出繁荣景象，《清实录》中写："京师近地，民舍市廛，日以增多，略无空隙。"而乾隆年间更是商贾云集，《定例汇编》记载："京城为辇毂重地，商贾云集。"探其究竟，一是靠近西直门，为进出西直门必经之地；二是南端的护国寺庙市对新街口工商业繁荣影响极大。清末，新街口地域已扩大，北起城根叫"新街口北街"，南至护国寺大街叫"新街口南街"，西至北沟沿（今赵登禹路一段，原明河槽）叫"新街口西街"。而店铺也鳞次栉比，行业齐全，著名老号层出不穷，清北京城外形成了与内城旗人文化鲜明对比的外城宣南文化。

经过元、明、清代多年的发展和积累，民国时期北京地区的商业进一步丰富，经营也逐渐转向专业化和更具特色的方向。新街口许多我们今天熟悉的老字号，都是在这一时期发展起来的，许多特色的专业市场也形成于这一时期。同时，为洋人和皇室贵族服务的行业空前兴旺，但由于内忧外患，战乱不断，人民群众生活窘迫，购买力很低，在这种情况下出现了众多价格低廉的街头小吃。

1937年，日本侵略者对华北进行疯狂掠夺，导致物资匮乏，带来了严重的经济危机。新街口的店铺也因此而不振，部分关张歇业。抗战胜利后，国共内战的爆发使得新街口商业仍然难以恢复。

中华人民共和国成立后，政治稳定，经济逐渐恢复，新街口商业重新发展起来。1950年代初期，新街口北大街以北的内城北城墙拆了个"豁口"，称为"新街口豁口"。其后较长一段时间，北京学院路各高校进城购物餐饮的首选都是新街口（图1.2-1）。

**图1.2-1　1960年代新街口豁口**

图片来源：北京市城市建设档案馆提供

新街口商业街从1980年代开始，逐渐成为与西单齐名的商业中心。新街口路口天桥及周边地区，是北京最繁华的地方之一，铁桥也是一个标志性的建筑物。这里有政府拨款在西城区建造的第一座电影院——新街口电影院（图1.2-2），1954年开业，1990年代翻建。改建后里面还有少儿图书馆，成为深受孩子们喜欢的文化设施。著名作家老舍出生在新街口南大街的小羊圈胡同，并在此生活过，其作品中好多场景都与新街口有关系。

图1.2-2　新街口电影院

### 1.2.2 护国寺庙会

从新街口往南一站地，护国寺街的小吃吸引大批的食客。新街口商业区的发展所依托的就是当年的护国寺庙会。当年，护国寺和隆福寺并称京城的"西庙"和"东庙"。不仅香火旺盛，而且这里的庙会更加出名。护国寺在清朝和民国年间，农历每月逢初七、初八、十七、十八、二十七、二十八，都开有庙会。各种小贩纷纷至此设摊，游人摩肩接踵，非常热闹。过去做生意的小贩都逢庙会必赶，因为庙会上游人多，买卖好做。20世纪五六十年代，护国寺的庙会虽然停办了，但是在庙会上经营的手艺人组织在了一起，开办了护国寺小吃店。近60年来，经过不断的传承和发展，这里成为西城的一张美食名片。

这里曾是京城最繁华的地界，布店、书店、电影院、茶庄、澡堂、糕点铺一应俱全（图1.2-3）。1980年代在此新建了新街口商场，是当时该地区唯一的综合百货商场。现在的新街口以日用百货、服装、乐器以及电子产品的店铺出名。虽然商业氛围已不可同日而语，但很多的北京人，对新街口仍然有一段深深的记忆（图1.2-4）。

### 1.2.3 小结

在800多年的建都史中，新街口作为过渡空间的核心地区之一，承载着北京老城区西部关键的功能，形成了联系交通的城市中枢。

图1.2-3　新街口浴池

图1.2-4　新街口百货商店

　　元朝开凿的大运河和海上运输线，沟通了南北经济。新街口的商市是北京商业的起源之一，它在元明清三代，以及近、现代北京商业格局的变迁中承担着重要的职能。

　　明朝在该地区设立商市，清朝商业以此为基础持续发展。新街口从最初联系多个专业商市的"市街"，转变为承载沿街商铺的"街市"，因靠近皇城西侧，且道路直通西安门，自元朝起西四片区便长期承担供给皇家采买的功能。

　　元明清时期，该地区人口日渐密集，达官显贵、文化名流云集于此，本地居民的商业需求与日俱增，故该区域商市兼具服务皇权与市井百姓的职能，成为见证北京皇城和市井生活功能融汇的区域。

　　民国时期，新街口依然是内城最重要的商业场所之一。新中国成立后这一带继续承担北京市商业中心的职能。今天，新街口逐渐成为繁荣市廛的活态载体，是皇城"都"市与市井"城"市的共同体。

2

新街口的街巷胡同

## 2.1 街巷胡同的历史演变

### 2.1.1 胡同概况

北京内城的新街口、东四、西四、东单和西单等区域都有一定的知名度，其主要街道在元朝就已经形成，明朝随着都城北侧城墙南移，积水潭部分被填成新住宅用地，清朝则沿用明朝的格局。

作为城市空间的基本元素，北京的胡同在不同时期有不同的称谓，自元朝起到清朝，"胡同"一词的叫法多变，如：衖通、火弄、火疃、火巷、火衖、胡洞、衖衕、衚衕（明清最流行）（表2.1-1），很多学者认为"胡同"是蒙古语"水井"的音译。"胡同"一词在元朝已经大量见于记载，而北京很多胡同至今仍然沿用着元大都时的名称，或者是谐音形近字演变而来。这种街巷在苏州也有类似的形式，但苏州称之为巷弄。

不同时代地域胡同名称的变化　　　　　　　　　　　　表 2.1-1

| 时期 | 称谓 |
|---|---|
| 元朝 | 衖通、火弄、火疃、火巷、火衖、胡洞、衖衕 |
| 明清 | 衚衕 |
| 现代 | 胡同 |
| 苏州 | 巷弄 |

### 2.1.2 元朝的新街口

胡同最早缘起于元大都城的规划，元朝把北京城的街巷布局分为"坊、牌、铺"，明朝沿用此格局，"××坊×牌×铺"为区域地名，例如新街口的日中坊有四牌十九铺。元朝把北京城分为50个居民区，称作坊，坊上有门，门上署有坊名，就是行政管理上的地段名称。每坊包括若干牌，每牌包括若干铺，每铺包括若干条胡同，在明朝的《京师五城坊巷胡同集》中记载日中坊内包含"新开路"（图2.1-1）。全城街巷胡同400余条，其中29条直接被称为"胡同"，剩下的被称为"火巷"。由于在建成之初就把坊地赐给了贵族和官吏，所以在街坊中，贵族的府邸花园占了较大的面积。

元朝北京城南北向的大街和东西向的胡同形成鱼骨状的道路网络，亦被称为"蜈蚣巷"。元朝的街道胡同宽度是有标准的，大街宽24步，约36.96m，小街宽12步，约15.4m，胡同宽6步，约为9.24m（图2.1-2、图2.1-3）。明朝之后街巷的宽窄长度就比较多样化了。

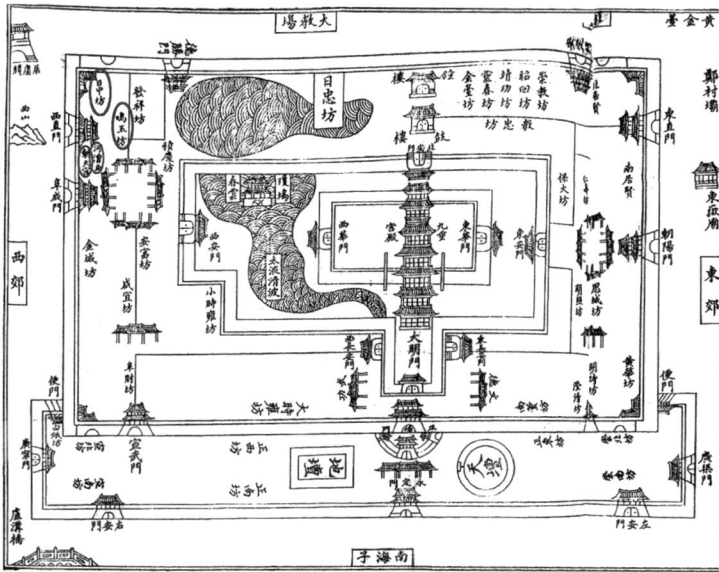

**图2.1-1　京师五城坊巷胡同图**

图片来源：朱一新.京师五城坊巷胡同集[M].北京：北京古籍出版社，1982：1.

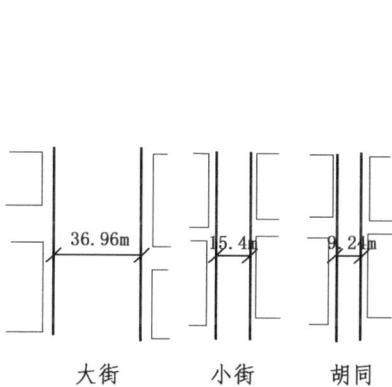

**图2.1-2　元朝街道宽度示意图**

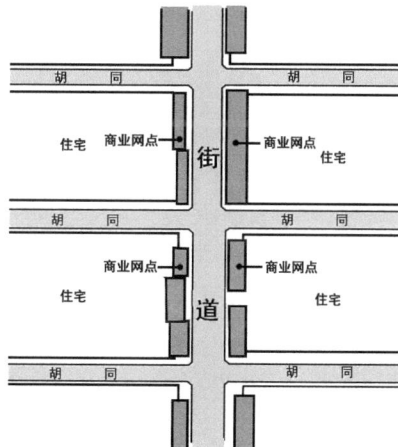

**图2.1-3　元大都街道胡同示意图**

## 2.1.3　明清以及民国年间的新街口

明清是北京胡同发展最为繁盛的时期。随着外城的完工，胡同成倍地增长，明朝新街口的街道和胡同依旧继承了棋盘式道路网布局，明朝对元大都的300多条火巷进行了改造，胡同的肌理更加明晰。

此时新街口最主要的骨架依旧是南北向的大街，在此基础上延伸出无数的东西向胡同巷道，构成北京城市的"骨"，而合院式民居则构成了北京城市的"肉"。由于城市有机的生长，加上天坛、各"海"形状多样，以及本身元大都金中都形成的大量斜街，很多因素共同作用，城市中涌现出了许多并非横平竖直的街道胡同，包括斜街、斜胡同，如在新街口区域内虽然大部分是棋盘网式布局，但局部街道胡同曲折，例如东冠英胡同。胡同不再拘泥于东西向，南北向的胡同也很多，街道系统更加自由。

清朝定都北京之后几乎完全沿用明朝北京的旧址，在原基础上进行改扩建，北京人口逐渐增多，街巷胡同增加到2077条[①]，几乎是明朝的2倍。原有街道胡同变化并不大，然而居民分布相比明代有较大的改变，维系着内满外汉的布局。

## 2.1.4 新中国成立以来的新街口

新中国成立之后，北京的街巷胡同约3200条，新街口南大街就是其中一条（图2.1-4），其中胡同1000多条[②]，在城市改造过程中，许多胡同消失了。1965年开始，北京市花费一年多时间进行全市范围内的街道名称整顿活动，意在清除旧思想、旧风俗、旧习惯，新街口西大街并入西直门内大街中。从新街口豁口外至北三环中路，命名为新街口外大街。东起德胜门内大街，西至新街口北大街蒋养房胡同，改称新街口东街。一般的调整都是按照谐音取名，或将较小的胡同进行合并，如骆驼胡同于

**图2.1-4 1958年新街口南大街**

图片来源：刘文豹.回眸京城——北京老城街景同视角比较[M].北京：中国建筑工业出版社，2015，54-55.

---

① 朱一新.京师坊巷志稿[M].北京：北京出版社，2018.

② 数据来源《北京街道地名录》。

1965年并入红园胡同。"文革"之后很多在"文革"时期使用的名字，恢复为原名，如赵登禹路。

近年来北京城市快速发展，新街口展开了桃园危改等各种建设项目，拆掉了不少胡同，比如西北套除四条和七条之外全部被拆除。许多街巷在大规模的拆改后，取而代之的是崭新的高楼大厦，原有胡同只剩下名字称谓（表2.1-2）。

桃园危改项目中被拆掉的胡同                                表2.1-2

| 被拆掉的胡同名称 | 拆除年份 | 曾用名 | 长度 | 宽度 |
|---|---|---|---|---|
| 新街口头条 | 2002—2006 | 一条胡同、头条胡同 | 210m | 4m |
| 新街口二条 | 2002 | 二条胡同 | 110m | 4m |
| 新街口三条 | 1991—2003 | 三条胡同 | 116m | 5m |
| 新街口小三条 | 1991—2003 | 珠八宝胡同一部分 | 120m | 4m |
| 时刻亮胡同 | 2002 | 屎壳郎胡同 | 65m | 3m |
| 新街口五条 | 2002 | 五条胡同 | 530m | 4m |
| 新街口六条 | 2003 | 六条胡同 | 145m | 4m |
| 红园胡同 | 2003 | 官菜园、菜园 | 279m | 4m |
| 寿屏胡同 | 2003 | 烧饼胡同 | 170m | 4m |
| 长青胡同 | 2003 | 松树庵、松树湾 | 283m | 4m |
| 有果胡同 | 2002 | 炸油果胡同、有果胡同 | 216m | 4m |

## 2.2 主要的街巷与胡同群体

新街口区域肌理丰富，街巷胡同的类型和结构也很复杂，由北到南可以分为穷西北套、平安里—新街口、白塔寺和福绥境、西四等几个片区，包括了历史底蕴丰富的各种街巷胡同（图2.2-1）。

### 2.2.1 赵登禹路

赵登禹路位于西城区中北部，车行道宽13m，北起西直门内大街，南至阜成门内大街，与十几条胡同相交，是新街口最重要的道路之一，抗战胜利后为纪念爱国名将赵登禹而得名（图2.2-2）。

赵登禹路在元代曾经是都城内的金水河，明朝称之为"大明壕"或者"西沟沿槽"。大明壕是明清水系的主要组成部分，壕上曾建35座桥，明朝由于

图2.2-1 新街口总体结构分析图

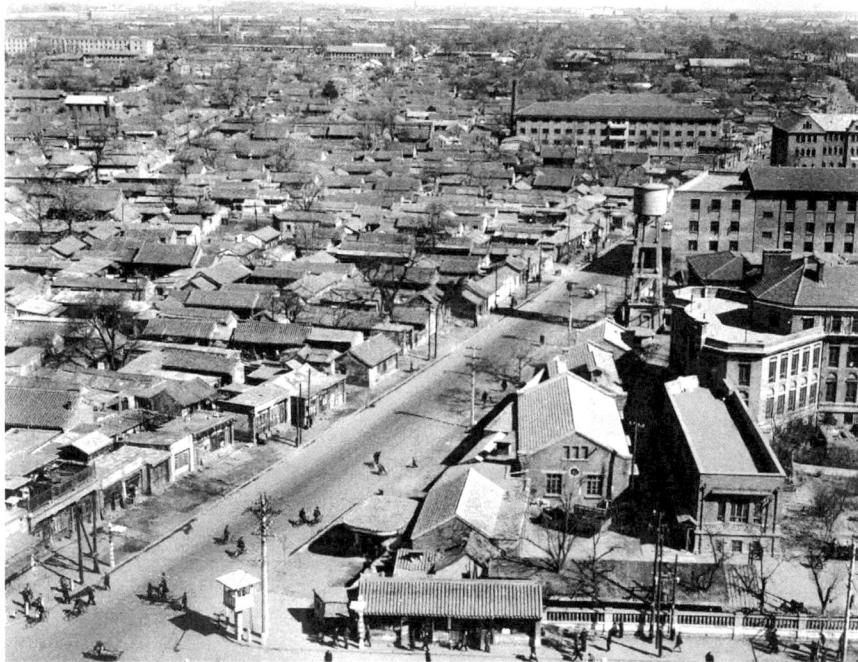

**图 2.2-2　1962 年赵登禹路**

图片来源：刘文豹.回眸京城——北京老城街景同视角比较[M].北京：中
国建筑工业出版社，2015：68-69.

金水河上游断流，河道逐渐演变为排水沟。作为主要的排水道，大明壕一直
沿用到民国初年，清朝称为西沟沿，俗称"臭沟"，是城市重要的排水防洪设
施。明清时期，赵登禹路南口有一座石桥名为马市桥，石桥以东有羊马市场。

民国时期，朱启钤组织利用拆除的皇家城砖，将大明壕改建为地下暗
沟，水路改成陆路，称为"北沟沿"或者"西沟沿"。抗战胜利后，为了纪
念抗日殉国的爱国将领赵登禹将军，将崇元观南至太平桥的马路命名为"赵
登禹路"。"文革"时期一度改名为"中华路"，北京市政府于 1984 年 10 月决
定恢复其原名。

注：赵登禹（1898—1937 年），山东菏泽人，抗日烈士。1914 年赵
登禹加入冯玉祥的部队，任冯玉祥的随身护兵，参加北伐战争，后跟随
冯玉祥参加"中原大战"，战败后冯玉祥的部队被整编，赵登禹被任命
为第 29 军 37 师 109 旅旅长，后任第 132 师师长。1937 年 7 月 28 日，对日
作战时壮烈殉国，时年 39 岁，是抗日殉国的第一位师长。

2008年，西城区政府对赵登禹路等12条道路进行全面改造，改造之后的赵登禹路南起阜成门内大街，向北经白塔寺东二条路、安平巷、平安大街、后仓胡同，至西直门内大街，通过东教场胡同和东新开胡同与二环路连接，大大缓解了西二环和其他道路的交通压力。改革开放后，赵登禹路两侧以民居为主的平房中逐渐涌现出了众多商业网点，商业气息和白塔风貌融合，形成了特别的文化氛围。

## 2.2.2 京城西北角——穷西北套

明清北京以紫禁城（宫城）为核心，外围皇城、内城、外城等四道城池，内城近似正方形，外城是长方形，组成凸字形城市布局。北京的城墙都是横平竖直，各个交角都是垂直相交，然而北京内城的西北角却缺了一角，其中原因很多，既有实际地理地质上的原因，也有风水观念上的考虑。

明朝由于元军的反扑加强城墙的防御，于是在规划上舍弃了北部城区，向南移动新建城墙。而新的城墙正好建在积水潭附近，西侧的城墙需要建在积水潭上方，于是施工者填埋积水潭，但当时湿软地面上的城墙屡建屡塌，为了避开水域只好沿水岸的走向筑起了平面倾斜的城墙。

这个缺角后世也有很多风水方面的解释：如按照五行来说，西北属于乾位，有天门之称，缺个角，正好就是开天门了；或者说远古茫茫大地有八方，八方有八座大山支撑着天体，西北方的大山叫不周山。东汉班固解释"不周"就是不交之意。所以按这种解释，西北两个方向不应该互相连接，而应有缺口。正是由于这些解释，明朝政局安定之后也没有再进行修建。

倾斜的城墙和西直门内大街、新街口北大街形成一个相对封闭的梯形截面，被称为"西北套"。城墙建成之后，西北角主要用于驻扎守城的军队，明时期有很多守城军士的营房和制作炸药的火药局等。现在的前、后英房胡同即是明、清时的营房旧址。西教场胡同、中教场胡同、东教场胡同等，则是清代八旗兵演练的教场。随军而来的家属逐渐在附近用碎砖土墙建等很多居住区，看起来杂乱无章，卫生条件也很差，久而久之，这里就被称为"穷西北套"。清末的一首民谣中有"北城根儿，穷人多，草房破屋赛狗窝"之说。穷西北套存在的历史百年有余，历经人生百态，仿佛大梦一场。

西北套的街巷胡同大约有68条，名称来源有很多，主要是带"条"的胡同和以军事设施命名的胡同。

（1）新街口带"条"胡同

历史地图记载中新街口头条到七条从清代至新中国成立之间是一直存在的（图2.2-3），但局部的道路走向或者名称是有所不同的，清朝的道路胡同几乎没有发生改变，而民国时期，在三条和四条之间出现了小三条胡同，整体临街面变得更"细碎"。到1948年时，小三条胡同并入珠八宝胡同，四条七条两条通向胡同内部的主要道路已改名为"大四条胡同"和"大七条胡同"。1949年之后，随着现代化建设的进程逐渐推进，胡同发生了很大的变化，新街口头条、二条、三条、五条、六条、校场小二条至小七条等都消失了，留下的只是少数的胡同名称。清末老北京孙福瑞演唱的太平歌词，连贯地整理了西北套原有的街巷胡同。

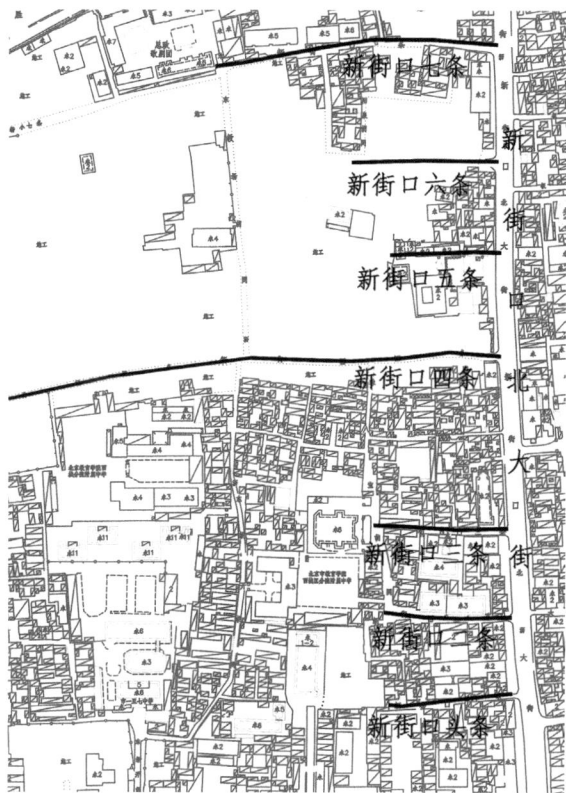

图2.2-3　新街口带"条"胡同

流传于清末及民国时期的一首太平歌词，串起来的便是西北套的胡同街道寺庙等名号，姑且称其为"新街口地名太平歌词"，由世居西北套的老北京人孙福瑞先生整理（发表在《西城追忆》上）。

歌词是："张秃子槐树底下乘凉，觉得有点饿，溜达到洪桥下，直奔羊肉床。吃的是烧饼、油炸鬼、面茶，多搁芝麻酱。急忙来到前桌子来把钱换，一不留神踩上屎壳郎。转身来到剃头棚把头剃，一心要到狮子庙去上香。不坐轿子骑马相。穿堂过了前后两桃园。来到了铁狮子庙，降香不小心烧着了火药局、黑塔、永泰寺，引着了草料铺，勾连了葡萄园、南北草厂。一急之下跑到了崇元观，半蹲在新街口，一屁股闷坐在蒋养房。越思越想没有新开路，一根裤腰带，五根檩上悬了梁（梁）。临死落了个吊死鬼，没有棺材，只有火匣子把他装。北广济寺、松树庵的和尚尼姑把经念，没有地方埋，来了后坑把他葬。"

歌词里不少是胡同、街道、地名和寺院。它们构成了穷西北套的硬件，而生活于此，在此间穿梭奔忙的人们，便是几代人的烟火人生。

新街口头条是新街口北大街自南向北第一条胡同，东起新街口北大街，西与珠八宝胡同和北二条胡同相交，全长210m，明朝称"一条胡同"，清朝改为"头条胡同"，1965年定名为"新街口头条"，2002—2006年被拆。

新街口二条呈东西走向，东起新街口北大街，西至珠八宝胡同，全长110m，明清都称之为"二条胡同"，2002年被拆。

新街口三条呈东西走向，东起新街口北大街，西至珠八宝胡同，全长116m，明清都称之为"三条胡同"，2003年被拆。

二条北侧有一大一小两条胡同，分别为新街口三条和新街口小三条，之后将后珠八宝胡同改为小三条，故此胡同为大三条胡同，1965年改为新街口三条。

新街口小三条呈东西走向，东起新街口北大街，西至珠八宝胡同，全长120m。明朝为珠八宝胡同的一部分，清朝改称"后珠八宝胡同"，1949年改称"小三条胡同"。由于胡同南侧是后墙，北侧只有三个大门，故带有夹道的形制，于1991—2003年被拆。

新街口四条呈东西走向，东起新街口北大街，西至西教场胡同，和七条类似的是，都是新街口北大街通向西侧胡同的主要通道，全长530m，明朝称为"四条胡同"，清朝东段为"四条胡同"，西段称为"双栅栏胡同"（因保留明代东西两座栅栏门得名），现仍然是主要的胡同。

曾经的新街口五条胡同为东西走向，东起新街口北大街，西至菜园六条相交，但到了民国时期《北京内外城详图》时，五条胡同不见了。从史料中发现五条胡同的消失和近代的一位名人有关，他就是刘契园（1885—1962年）。刘契园在九一八事变之后迁往北平，在北平购置宅院，后在契园原址上建成徐悲鸿艺术馆，由此五条胡同就变成了北侧的一条不足20m的短巷和红园胡同内的骆驼胡同。

新街口六条呈东西走向，东起新街口北大街西至红园胡同，全长145m。明朝是空地，2003年胡同被拆，如今是新街口一个居民小区。

新街口七条呈东西走向，东起新街口北大街，西至东教场胡同，是新街口北大街西侧最宽的胡同，全长275m，均宽12m。明朝为空地，清代名称为

"七条胡同"，1965年北京整顿地名时定为"新街口七条"。

在新街口的条状胡同之中还有各种与之相连接的横向或者竖向的胡同，如珠八宝胡同与红园胡同。珠八宝胡同这个名字很可能会让人联想到珠光宝气等贵气的词语，然而原意是猪粑粑胡同，因为胡同里有很多的猪粪场，非常肮脏，清朝才改为"珠八宝胡同"（图2.2-4）。据这里

图2.2-4 珠八宝胡同的粪场

图片来源：孔菲绘制

的老住户说："老辈子的时候，这里人烟稀少，西边是大粪场，北边有屎壳郎（后改为时刻亮胡同），东边有猪粑粑胡同。"

（2）以军事设施命名的胡同

明朝的新街口，由于靠近城墙，有很多与军事设施相关的地名，如教场、草场、火药局（又称安民厂），随之衍生出了众多相关的胡同，包含有东教场、西教场、中教场胡同，有西教场小七条至小二条共六条东西走向的胡同、草场胡同、桦皮厂胡同等（图2.2-5）。

图2.2-5 新街口军事设施建筑整体分布图

教场顾名思义就是军事演武之地，明朝属于日中坊，新街口有东西两个教场，有居住的"营房"和"教场"，清朝是正黄旗居住地，《京师五城坊巷胡同集》中有提到，前后营房以西教场为界线形成独立的体系，而东西教场之间的教场中街原为教场，后形成街巷，因位于教场中部故被称为教场中街。民国之后废弃，成为农田和菜场，1990—2003年间被拆除。

东教场胡同为南北走向，南起新街口四条胡同，北至新街口七条胡同（现贯通至德胜门西大街），全长261m，因位于教场东侧，称为"东教场胡同"。西教场胡同南北走向，南起新街口四条，北至西教场小七条，全长337m，因为在教场西侧，称为"西教场胡同"，西教场胡同和中教场胡同之间有西教场小二条到小六条。

中教场胡同南北走向，北起西教场小七条，南至新街口四条胡同，中部与西教场二至六条相交，因位于明朝教场中部故称之为"教场中街"，1965年整顿地名时并入周边小胡同，改名为"中教场胡同"。

西北套靠近北侧城墙，明朝为兵营驻扎之地，故名为"营房"，后英房属于日中坊，管辖范围内的西城日中坊营房桃园铺。清朝时营房演变成平民居住的街巷，分出前、后营房，乾隆时"营"音转为"鹰"，民国时"鹰"又音转为"英"，前、后英房胡同名沿用至今，而我们常说的营房、桃园、北草厂都是古地名。1965年将四眼井胡同并入，统一为"后英房胡同"。前英房胡同曲折走向，清乾隆年间地图记载为"前莺房"。北起后英房胡同南至西教场胡同，全长330m，均宽5m。

后英房胡同位于前英房胡同北侧，为东西走向，原胡同东起西教场胡同，西至大丰胡同与葡萄园接合处，现贯通东教场胡同至北草场胡同，全长222m，均宽为4m。

后英房地段的历史可以追溯到元朝，元大都时期后英房一带曾经很繁华，后因战乱，房屋主人离开匆忙，很多器物都保留下来，为后人研究留下了大量实物，此后明军占领北京，在西北套北侧建设了内城城墙。1956年和1972年，考古人员两次在西直门内后英房胡同挖掘出了元大都居住建筑遗址，遗址规模较大，建筑格局已经成熟，有别于今天北京的四合院布局。

整体的平面布局分成三部分，中间是主院，两侧分别是东院和西院，东院是由三间正屋和东西两间耳房组成，西院仅存一个工字形的月台，工字形建筑的两侧建有东西厢房。从遗址复原图中可见，整体的平面布局体现了宋代向明清过渡的合院形式。元朝后英房考古遗迹的发掘及其与北京四合院之间形制上的关联使得人们认识到北京四合院是中国先人经过数百年的实践、优化而创造出来的一种优秀的民居形式（图2.2-6～图2.2-8）。

除了"营房""教场"之外，该地区还有其他类型的军用设施，例如火药局，其位置在西直门内大街的西北侧。明朝天启年间，宣武门内的王恭厂发生爆炸，一瞬间火光冲天，人员伤亡惨重。灾后，皇帝下令寻找新厂址，后安置在人口较少的西直门内北侧的城墙下，赐名为安民厂，取国泰民安之意。清朝又在原址设"八旗火药厂"，除此之外这里还是"正黄旗汉军炮局"和"正红旗汉军炮局"的位置。

图2.2-6　考古人员发掘照片

图2.2-7　后英房住宅复原图

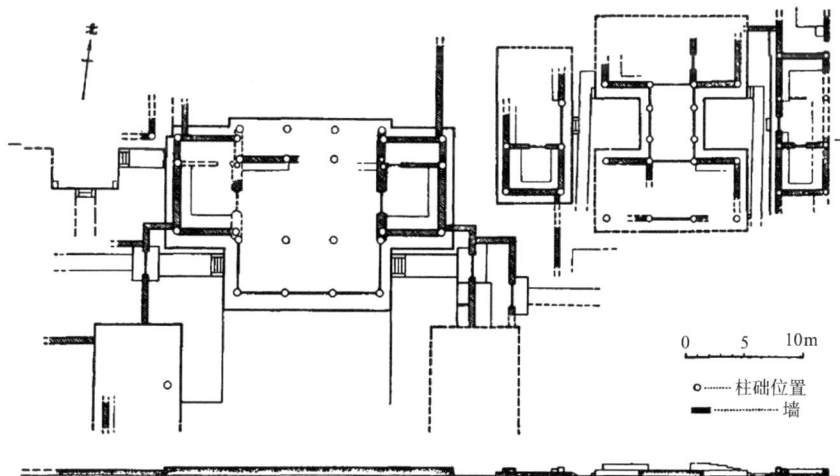

0　　5　　10m

○──柱础位置

■──墙

图2.2-8　北京后英房元代居住遗址平面图

图片来源：庄佃伦.元代北京四合院住宅探析[D].北京建筑大学，2013.

后来此地形成了三条街巷，一是西直门北侧第一条胡同，因慈禧太后赐名玉佛寺而称为玉佛寺胡同，后谐音为玉芙胡同；二为铁狮子巷，因巷北侧的铁狮子庙得名；三是阔带胡同，因形状酷似口袋，民国之后改名为"口袋胡同"。如今，玉芙和阔带胡同保留了部分肌理，而玉佛寺和火药局已经销声匿迹。

草场，顾名思义，古代存储草料之场所。元朝的城墙以土夯筑而成，在雨水冲刷之下非常容易坍塌，故明朝之后采用了"以苇蓑城"的方式，即芦苇和土结合夯筑，这就需要大量的柴草，因此在靠近内城城墙的新街口也设置了草场。之后由于害怕芦苇的易燃性导致城墙不耐火就放弃了这种做法，但清朝的骑兵需要草料供应，城门附近的草场依然有价值。草场到清朝末年就逐渐荒废，名称却一直保留了下来。

在西直门内大街以北的北草厂胡同地区，则是镶黄旗下层满人居住的地区。进入民国，这些满人失去了俸禄，生活窘迫，从事拉洋车等苦力活。大多院落为大杂院，居住者多为小商贩、从事体力劳动者。

北草厂胡同为南北走向，北起后牛角胡同、大丰胡同与五根檩胡同交会处，南至西直门内大街，中部与马相东巷和前牛角胡同相连，全长558m，均宽4m。北草厂胡同是武学之乡，八卦掌名家李子鸣先生（1902—1993年）就曾居住于此。

南草厂街为南北走向，北起西直门内大街，南至大觉胡同，中间与大后仓胡同、柳巷、前半壁街、东冠英胡同、后广平胡同、大小乘巷相交，全长626m，均宽9m。南北草厂以西直门内大街为界限。南草厂街王公群集，王府众多，分别有慎郡王府、恂郡王府和果亲王府。

## 2.2.3 白塔寺和朝天宫片区

白塔寺和朝天宫片区属于阜成门内大街历史文化保护区，元朝建造的妙应寺白塔、明代被烧毁的朝天宫、1950年代的福绥境大楼都在此地。虽然朝天宫已经不复存在，但现存的胡同名称是与之有深刻渊源的。这一代的胡同虽然不及西四北头条至八条规整笔直，但却有自然生长的意味（图2.2-9）。

（1）白塔寺相关的胡同

白塔寺位于西城区阜成门内大街171号，是新街口重要的地标建筑，始建于元朝，是一座藏传佛教寺院，由尼泊尔工匠阿尼哥修筑，寺内的白塔是现存年代最早、规模最大的喇嘛塔（图2.2-10）。明朝的《京师五城坊巷胡同

图2.2-9　1961年阜成门内大街

图2.2-10　白塔寺

图片来源：刘文豹.回眸京城——北京老城街景同视角比较[M].北京：中国
建筑工业出版社，2015：192-193.

集》中提到白塔寺属于河槽西坊，清朝的《京师坊巷志稿》中提到从西直门
内大街至阜成门内大街是属于正红旗满族居住的区域。

白塔寺附近的胡同得名于此寺，例如白塔寺东夹道、白塔寺西夹道、白
塔寺巷。白塔寺东西两条胡同形成于清朝，因位于白塔寺两侧，故称之为
"白塔寺夹道"，后改为东西夹道。

白塔寺东夹道形成于清朝，位于阜成门内大街北侧，原名为白塔寺东廊
下，"夹道"和"廊下"都是小胡同的别称，后因位于白塔寺东侧，改名为
白塔寺东夹道。东夹道北起安平巷，南至阜成门内大街，中部与苏萝卜胡同
相交。白塔寺西夹道则位于白塔寺西侧，宫门口东岔口的东北侧，是南北向
胡同，全长130m。走在夹道的路上可以看到更完整的白塔。

白塔巷为南北走向，北起安平巷，曲折走向，全长130m，均宽3m。在
这三条胡同中，最美丽的就是白塔寺东夹道，能够近似完整地观赏到白塔
（图2.2-11）。

（2）朝天宫相关的胡同

朝天宫位于北京西城区阜成门内，元朝也是道教之地，为天师府所在
地。朝天宫建于明宣德八年，系仿南京朝天宫式样建成，规模宏大，为当时
北京最大的道观建筑，专供朝廷百官演习礼仪的场所。明天启六年六月二十
日一夜大火，13重殿宇全部被焚毁。现胡同还保留着当时的名称。明万历

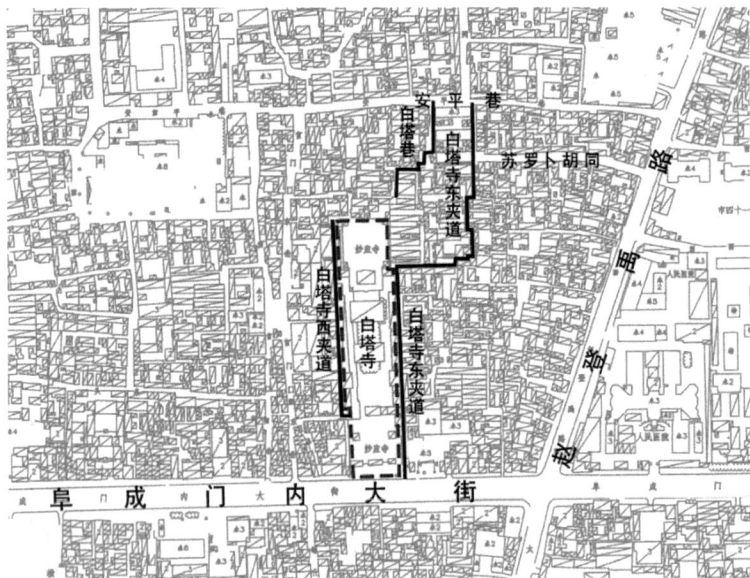

图 2.2-11　白塔寺区位分析

年间的《宛署杂记》中有朝天宫小胡同的记载，说明当时以朝天宫为中心已经形成了部分胡同，根据明朝北京城京师宫殿衙门胡同地名复原图及1959年北京朝天宫地区街巷格局图也可以明显地看出，当时朝天宫的布局和现存的街巷布局基本吻合（图2.2-12、图2.2-13）。

据李纬文《明代北京朝天宫规制探讨》一文，根据现有的地形，大致可以确定明朝朝天宫的"四至"定位：朝天宫整体（回字形框架的外圈）南至今安平巷（《乾隆京城全图》（后简称乾隆图）称回子营胡同）一线；西至今福绥境（乾隆图称半壁街）一线；东至今庆丰胡同（乾隆图称回子营）一线；北至较为模糊，约在今北京市文物保护单位玉皇阁南界一线。

朝天宫中路主体院落（回字形框架的内圈）南约至今小茶叶胡同西延线；西至今西廊下胡同一线；东至今东廊下胡同一线；北至今大玉胡同一线。这些界限还清晰地保留至21世纪初。

今天新街口有三条带廊下的胡

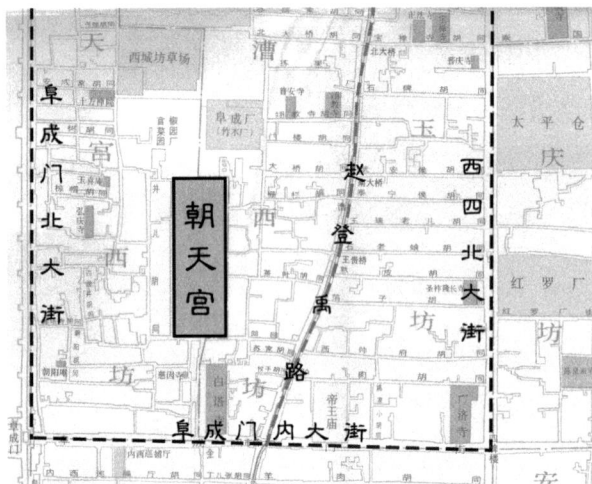

图 2.2-12　朝天宫位置图

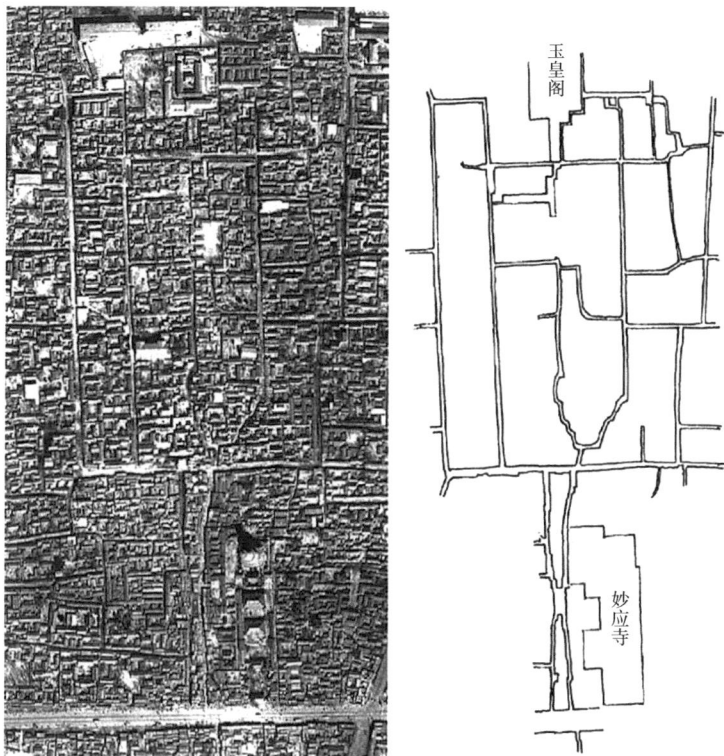

图2.2-13　1959年朝天宫地区街巷格局

同，分别是"东廊下""中廊下""西廊下"。廊本身就是一种建筑形式，一般指的是屋前檐下行走的通道，在这里指朝天宫中心院落的东西墙及中心御路位置的胡同。

东廊下胡同为南北走向，北起大玉胡同，南至安平巷，中间与大茶叶胡同相接，全长418m，均宽为4m。西廊下胡同，北起官园胡同，南至安平巷，中部与福绥境、大玉胡同、中廊下胡同相交，全长396m，均宽4m。中廊下胡同为曲折走向，东起东廊下胡同，南侧与东廊下胡同相接。

明清时期三条廊下胡同都是笔直的南北走向，经过多年，已经演变为如今曲折的三条廊下胡同。中廊下为新街口最典型的平房居住区，新中国成立以来变化不是很大，小门小户为主，私家院落很多。

阜成门内宫门口头条到五条，也是以明朝的朝天宫命名的（图2.2-14）。宫门口头条至五条都是东西走向的胡同，宫门口头条西起阜成门北大街，东至宫门口西岔，中部与阜成门内北街相交，全长461m，是宫门口胡同中的最长者，清代称为"头条胡同"。

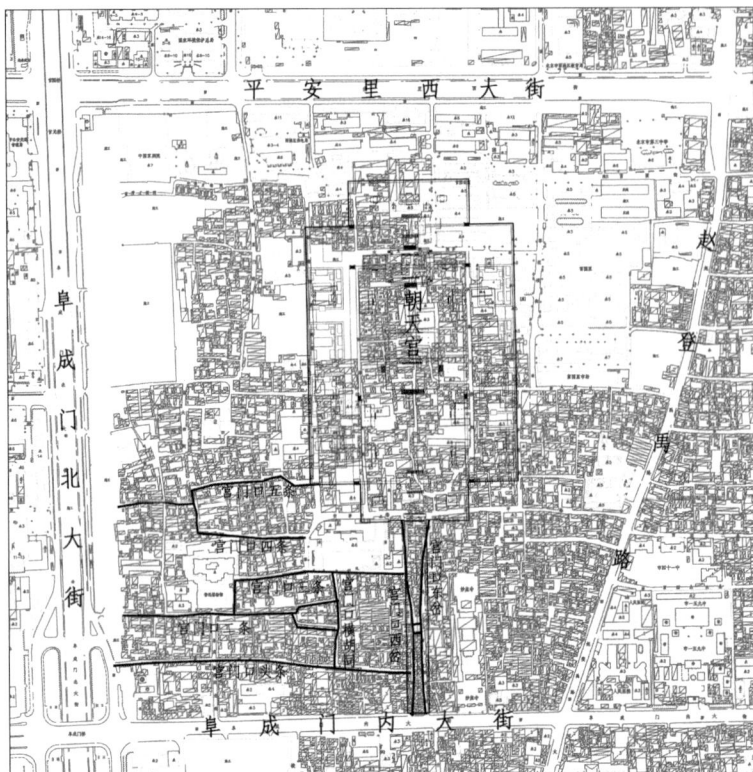

图2.2-14　宫门口胡同分析

宫门口二条，西起阜成门北顺城街，东有两条岔道与宫门口横胡同相连，1956年宫门口二条中部兴建鲁迅博物馆，全长346m。宫门口二条形成于明代，时称为"宫门口小胡同"，清代分为两段，西端为"二条胡同"，东侧为南北两个岔路，因形状像裤脚，故名为"南北裤脚"，1965年重新合并，改名为"宫门口二条"。

宫门口三条为东西曲折走向，西侧弯折至宫门口二条，东至宫门口西岔，全长297m，明代统称为"朝天宫小胡同"，清代称之为"三条"，老舍先生曾在宫门口三条11号院居住过。

宫门口四条，西起阜成门北顺城街，东至福绥境胡同与安平巷交接处，全长346m，形成于明代，清代称之为"四条胡同"，1911年后分为"宫门口东四条"和"宫门口西四条"，1965年后两条胡同合并，称为"宫门口四条"。

宫门口五条西弯折至宫门口四条，东至福绥境胡同，全长206m，形成于明代，统称为朝天宫小胡同，清代称之为"五条胡同"。

宫门口横胡同，南北走向，北起宫门口三条，南至宫门口头条，中部与

**图2.2-15  宫门口西岔**

图片来源：石豪东绘制

二条相交，全长133m，形成于民国时期，当时称之为"横三条"。

宫门口东西岔胡同也是与朝天宫有关，东西岔为南北走向，北起安平巷，南至阜成门大街，宫门口西岔全长303m，东岔全长305m，均宽3m（图2.2-15）。这两条胡同在明朝是朝天宫山门御道，现在是白塔寺街区最重要的生活服务街巷，宫门口的南端分为东西两岔，北行不远两岔合一，合而再分，形如"X"状。最近几年，东西岔胡同在进行"微修缮、微更新"的改造项目，在保持胡同肌理的同时，胡同面貌整治一新。

## 2.2.4 平安里片区

北京的平安里在明朝时称太平仓，清朝为庄王府。1900年毁于大火，后在此处重新建设，其建筑样式不少为中西合璧式的风格，并取了一个很吉祥的名字，叫"平安里"，现今平安里就是泛指这一代街区，4号、6号、19号地铁线在此汇集。

（1）与仓储库房有关的胡同

前公用胡同和后公用胡同形成于明朝，为内庭供应库所在位置。前公用胡同在明朝称为"供用库胡同"，东起新街口南大街，西至赵登禹路，元明属于鸣玉坊，明朝时这里设置了宫廷供用库，因此得名。清朝时供用库的用途变成宫衣库，称为"前公用库胡同"，1965年定名为"前公用胡同"。

图 2.2-16 广平库所在地

后公用胡同为曲折走向，南起前公用胡同，北至八道湾胡同，全长238m。

前后广平胡同形成于明朝，当时是广平库所在地（图2.2-16），统称为"广平库街"，亦称之为"西新仓"，清朝时分别叫"前广平库胡同"和"后广平库胡同"，1965年调整为"前广平胡同"和"后广平胡同"。

前广平胡同为曲折走向，东起南草厂街，西至西直门南小街，东部有岔巷与小后仓胡同相连，全程600余米。由于城市建设，现在的前广平胡同已被拆除。

后广平胡同为东西曲折走向，东起南草厂街，西至西直门南小街，中部与小后仓胡同相交，全长561m。

大后仓胡同为东西走向，东起赵登禹路，西至南草厂街，全长333m。小后仓胡同为东西走向，东段南折至后广平胡同，西段北折后至前半壁街，全长417m。两条胡同在明中期曾经叫北新草场，主要功能为屯草场所，清代改为"草场胡同"，1965年，改名为"大后仓胡同"。

金果胡同为东西曲折走向，东起赵登禹路，西至育幼胡同，全长348m。胡同形成于明朝，明朝设置的拣果厂在此地，《京师五城坊巷胡同集》中"拣

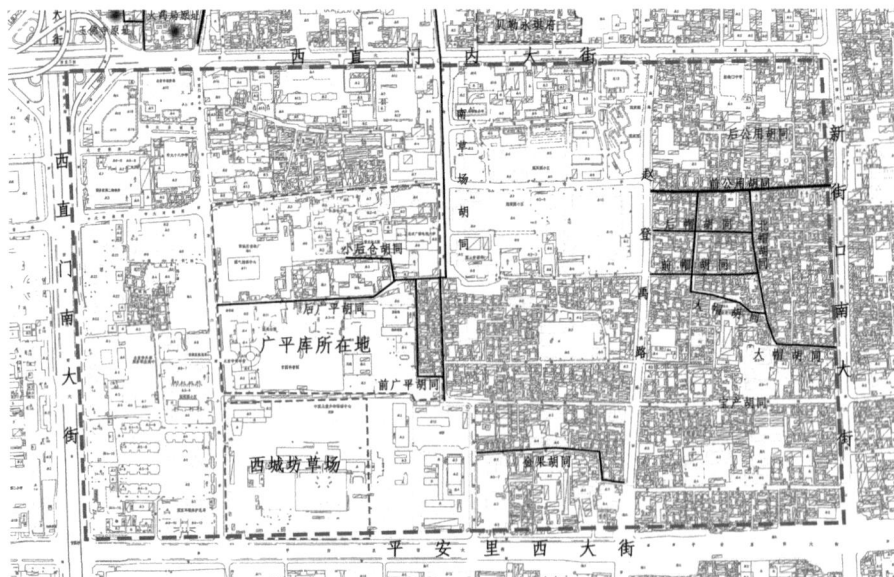

图 2.2-17 与仓储库房相关的胡同

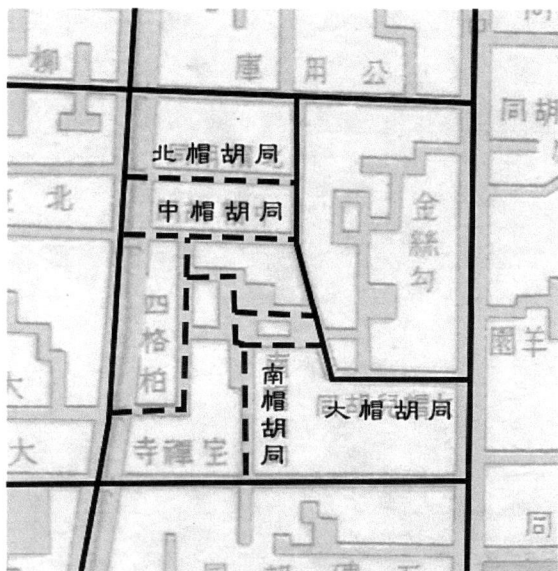

图2.2-18　1914年北京地图中的帽儿胡同

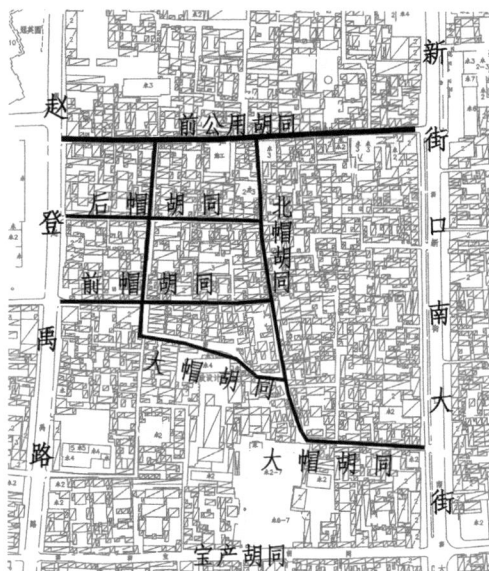

图2.2-19　帽儿胡同肌理现状

果厂"隶属于河槽西，1965年，改名为"金果胡同"。

（2）带"帽"的胡同

新街口几条带"帽"的胡同形成于明朝，明朝的《京师五城坊巷胡同集》中的帽儿胡同隶属于鸣玉坊。关于帽儿胡同的来源，居民认为胡同的曲折和帽儿形状相似，故称为"帽儿"胡同（图2.2-18、图2.2-19）。

帽儿胡同明朝属于鸣玉坊，清朝属于正红旗地界，清朝的《京师坊巷志稿》中就出现了"大帽儿胡同"和"小帽儿胡同"。民国初年胡同进一步细化，1914年的北京城市地图中出现了"北帽胡同""中帽胡同""南帽胡同""大帽儿胡同"等。1965年将胡同进行整合，形成了完整的体系，定名为"前帽、中帽、后帽、大帽、北帽"胡同。

大帽胡同为东西倾斜走向，是帽儿胡同中东西向最长的胡同，西起四根柏胡同，东至新街口南大街，中间与北帽胡同和金家大院相交，全长318m，整体呈现"之"字形。

北帽胡同南北走向，北起前公用胡同，南至大帽胡同，中间与后帽胡同、前帽胡同相交，因胡同位于北侧称之为"北帽胡同"，全长226m。北帽15号曾经是一座关帝庙。

前帽胡同东西走向，西起赵登禹路，东至北帽胡同，中间与中帽胡同、四根柏胡同相交，全长204m。

后帽胡同为东西走向，西起赵登禹路，东至北帽胡同，中间与中帽胡同相交，全长189m。

中帽胡同为南北走向，北起前公用胡同，南至前帽胡同，中部与后帽胡同相交，全长150m。中帽胡同位于帽儿胡同的中心，比较幽静。

这些带"帽"的胡同非常有特点，有的平直，有的曲折，看似普通却又变化多端，分布着各种老式建筑。

## 2.2.5 西四片区

北京西四早年间是一个东西南北相通的十字路口，每个路口都有一个牌楼，被称为西四牌楼（图2.2-20、图2.2-21）。西四一直是繁荣的商业集市，元大都城内有三处市场，其中一处在西四十字路口附近，当时名为羊角市，是羊、牛、马等集中交易的地方。明清为西市，是西城最大的商业中心。

西四北头条至八条这些胡同，南起阜成门内大街，北至平安里西大街，整个区域略呈直角梯形，它们的规划兴建始于元大都时期，是珍贵的历史遗存，保留了元大都胡同的形制与尺度。这些胡同平直规整、尺度宜人，形成了北京旧城以四合院风貌为突出特色的历史文化保护区。明朝西四北头条至

**图2.2-20 西四牌楼**

图片来源：孔菲绘制

**图 2.2-21　万寿盛典图中的西四牌楼**

图片来源：王原祁，冷枚.万寿盛典图[M].北京：中国书店出版社.2022.

八条属于鸣玉坊，清朝为正红旗地界，清末至民国初年属内右四区，现基本保持鸣玉坊街巷格局（图2.2-22、图2.2-23）。

最初这8条街巷横平竖直，胡同均宽9m，以大型宅院为主，元大都时

**图 2.2-22　明朝西四地图**

图2.2-23 1961年西四路口

图片来源：刘文豹.回眸京城——北京老城街景同视角比较[M].北京：中国建筑
工业出版社，2015：60-61.

期这里多为达官显贵和富人的高级住宅区，而在元朝之后，明清及民国的街
道越来越窄，又生出了一些不规则胡同。在这几百年间，朝代更迭，世事变
换，这些胡同也饱经沧桑，见证了历史（表2.2-1）。

西四北头条至八条曾用名 　　　　　　　　　　　　　　　　表2.2-1

| 名称 | 曾用名 |
|---|---|
| 西四北头条 | 始称驴肉胡同，1911年改为礼路胡同 |
| 西四北二条 | 西帅府胡同 |
| 西四北三条 | 报子胡同 |
| 西四北四条 | 受壁胡同 |
| 西四北五条 | 石老娘胡同 |
| 西四北六条 | 南魏胡同 |
| 西四北七条 | 太安侯胡同 |
| 西四北八条 | 武王侯胡同 |

西四北头条，为东西走向的胡同，东起西四北大街，西至赵登禹路，全
长627m，是西四片区从南至北第一条东西向的胡同。北头条起初被称为
"驴肉胡同"，此名称的来源是以西四牌楼为中心的商业区，在北头条中有

贩卖驴肉的小商小贩，故起名为驴肉胡同。在明代的《京师五城坊巷胡同集》中提到"驴肉胡同、西帅府胡同、箔子胡同、石老娘胡同、熟皮胡同、武安侯胡同"。民国初，1911年后改谐音为"礼路胡同"。

西四北二条，为东西走向，东起西四北大街，西至赵登禹路，全长478m。原称为"西帅府胡同"，起源于明武宗时期太师镇国公在此设帅府。西四北二条的历史遗存非常丰富，如老门楼、门墩、砖雕等。

西四北三条为东西走向，东起西四北大街，西至赵登禹路，全长527m，明朝称为"箔子胡同"，后清朝讹传为"雹"或"报"，民国后又为"报"。此胡同内有制作纸钱的"箔"这一行业，北三条三号院明朝时建圣祚隆长寺，现存部分山门和配殿。

西四北四条为东西走向，东起西四北大街，西至赵登禹路，全长503m，原名"受壁胡同"，明代是加工熟制皮革的作坊聚集地，讹传为"臭皮"，民国美化为"受壁"。

西四北五条为东西走向，东起西四北大街，西至赵登禹路，全长478m。原名"石老娘胡同"："老娘"是产婆的旧称，胡同内又有一名姓石的接生婆。

西四北六条为东西走向，东起西四北大街，西至赵登禹路，全长495m。原名"南魏胡同"，明代时期燕山前卫衙署设于胡同之中，称为"燕山卫胡同"，清简化为"卫儿胡同"。1911年又称为"南魏儿胡同"，1965年定名为"西四北六条"。

西四北七条为东西走向，东起西四北大街，西至赵登禹路，全长430m，原名太安侯胡同。明代时期，泰宁侯陈珪宅邸在此胡同之内，故名为泰宁侯胡同，明代的《京师五城坊巷胡同集》中该胡同隶属于"鸣玉坊三牌十四铺"，清代时期由于道光皇帝叫敦宁，为了避讳，改为"泰安侯胡同"。

西四北八条为东西向，东起西四北大街，西至赵登禹路，全长424m。原名"武安侯胡同"，因武安侯郑亨的府邸在此得名，在《京师五城坊巷胡同集》和万历年间的《宛署杂记》中均有"武安侯胡同"的记载，清朝称为"武王侯胡同"。

1965年，北京市整顿地名，位于西四北部的上述胡同改为西四北头条至八条。西四北头条至八条是历代城市人口聚集的地方，是北京四合院数量最多、样式最丰富的地区之一，其中现存的四合院大多是明清时期的产物。

3

新街口居住建筑

## 3.1 新街口四合院建筑

四合院的建筑形式经过了元、明、清三代的演变，清代北京四合院已经体现了城市不同地区的功能与特点。俗语称老北京城"东富西贵"，即东城多富宅，西城多府邸。在清王朝结束之后，北京城中的许多王府和大型院落开始衰败，失去了昔日的气派，但很多特色的院落还是保存了下来，尤其是西四北头条至八条的历史文化保护区有很多完整的传统四合院。图3.1-1及表3.1-1为新街口部分典型院落分布及概况。

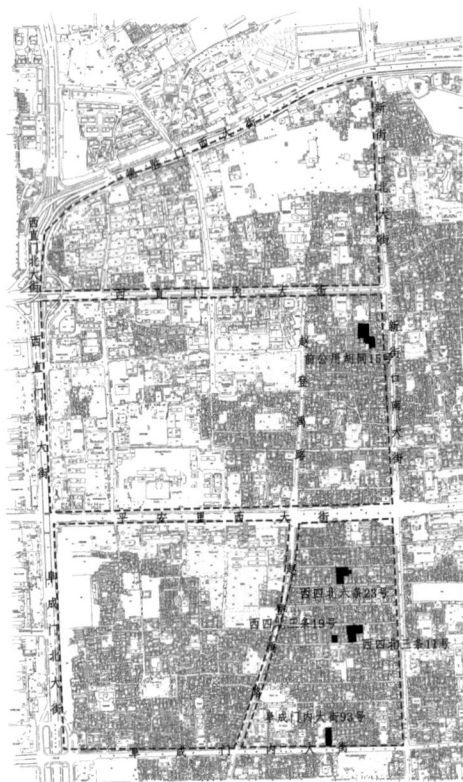

图3.1-1　新街口部分典型院落分布

### 3.1.1 西城区少年宫

前公用胡同15号位于西城区前公用胡同北侧，清后期建筑。此宅原为清末内务府大臣崇厚的宅邸，辛亥革命后为民国时代东北军军长傅双英宅第，1949年后曾为北京市人事局办公地，1957年后由西城区少年宫使用，1987年被公布为划定保护范围及建设控制地带，修缮后于2004年恢复原貌。

新街口部分典型院落概况　　　　　　　表3.1-1

| 名称 | 原居住者 | 年代 | 现状 |
| --- | --- | --- | --- |
| 前公用胡同15号 | 崇厚、傅双英 | 清代后期 | 现在为西城区少年宫使用 |
| 西四北三条11号 | 马福祥 | 清 | 现为西四北幼儿园 |
| 西四北三条19号 | — | 清 | 现为居民院 |
| 西四北六条23号 | — | 清末民初 | 西城区婴幼儿保健实验院使用 |
| 阜成门内大街93号 | 魏子丹 | 民国 | 现由北京华方投资有限公司管理使用 |

院落坐北朝南，分为中、东、西三路。东西两路三进院落，中部有二进院落加一宅前庭院。在北京带有花园的四合院一般多采用"西宅东园"或"东宅西园"的建筑格局，而15号院落这样采用将花园置于主院落之前的四合院格局，很有特点。

西路院落的最前面有北房和两侧耳房，北房后面是以垂花门为首的内宅，院内有北房及东西厢房各3间，垂花门两侧墙上有什锦灯窗，院落最后为后罩房5间。

东路院落位于中路和西路建筑的南端，建筑保存较为完整，一殿一卷式垂花门两侧为砖砌影壁，门内有北房3间并附耳房，东西厢房各3间，院内游廊均与各房间相接，院落最后为后罩房。

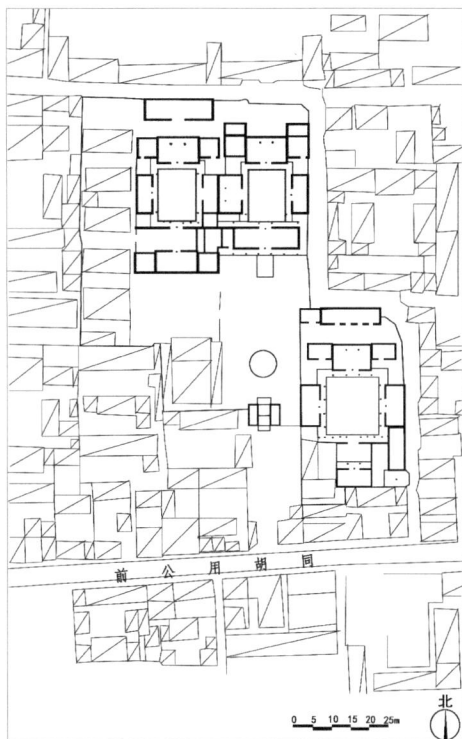

**图3.1-2 前公用胡同15号平面图**

图片来源：改绘自段柄仁.北京四合院志下[M].北京出版社，2016：704.

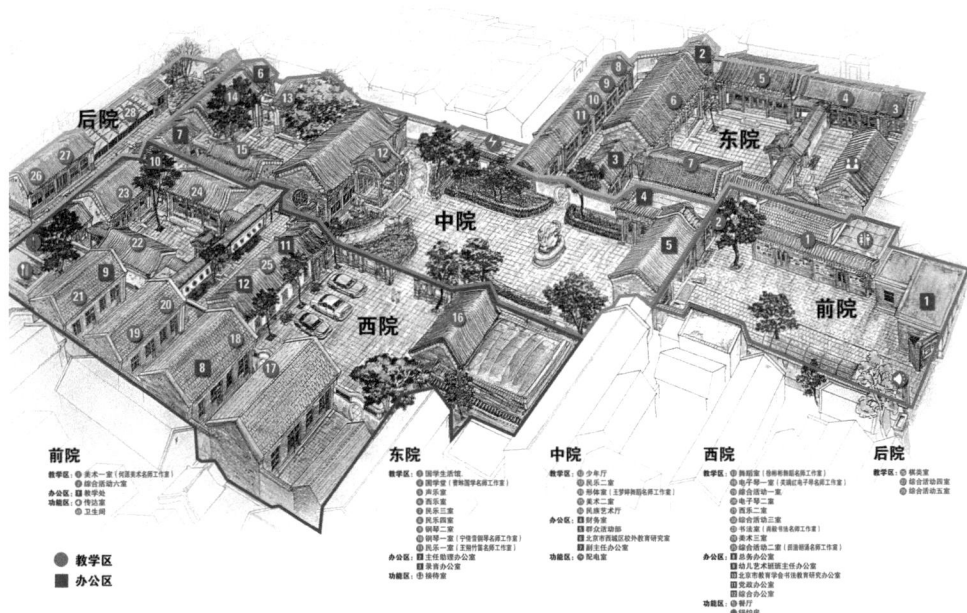

**图3.1-3 西城区少年宫平面示意图**

图片来源：由西城区少年宫提供

图 3.1-4　中路院落门

图片来源：孔菲绘制

图 3.1-5　内部屋顶彩画

中路院落是四合院主体，花坛向北便是整座宅院的主建筑，是五开间的花厅。作为主人宴请客人的地方，花厅前出抱厦，四面开精美的圆形花窗。主体建筑和东西跨院均保存完好。

### 3.1.2 西四北幼儿园

西四北三条11号位于胡同北侧，北京市文物保护单位，坐北朝南，为五进院落，东侧带一个跨院，现在是西四北幼儿园。民国时，国民政府委员、蒙藏委员会委员长马福祥（1876—1932年）曾寓此。新中国成立之后，该院曾为西城区教育局使用，1984年公布为北京市文物保护单位。

四合院分东西两路。西侧为住宅，东侧为花园，在南北中轴线上依次排列着四进四合院。

大门在前院东南角，广亮大门左右有倒座房，进门是照壁，进垂花门是二进院，有北房及东西厢房各三间，三进院和二进院规制一样，最后院有一排后罩房。东院为小花园，花园东侧有假山，建有爬山廊，廊前有亭。花园中有太湖石假山，其南、北、西三面建有花厅。院内建筑以硬山合瓦顶为主，大门、影壁的墀头砖面上加雕饰，雕饰为花卉和吉祥图案。

### 3.1.3 西四北三条19号

西四北三条19号位于胡同北侧，是北京市文物保护单位，坐北朝南，二进院落，建于清代末期。1984年公布为北京市文物保护单位，现为居民院。

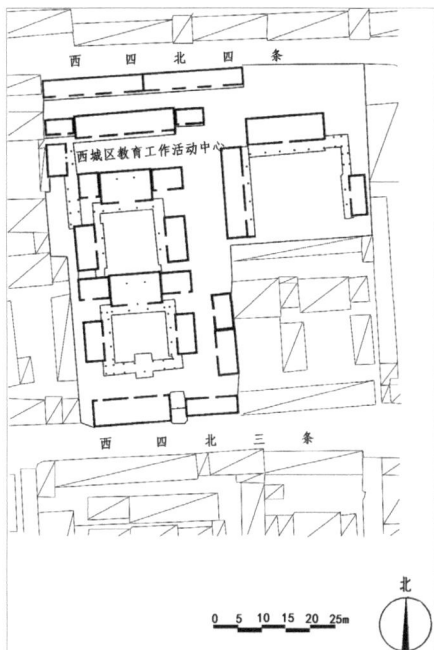

图 3.1-6 西四北三条 11 号平面图

图片来源：改绘自段柄仁.北京四合院志下[M].
北京：北京出版社，2016：707.

图 3.1-7 西四北三条 11 号正门

正门为如意门，大门门楣栏板砖雕牡丹花图案。一进大门是前院，一排倒座房，大门西侧倒座房六间，清水脊。进垂花门是正院，二进院落由正房、耳房、厢房组成，正房三间，前后出廊，披水排山脊，合瓦屋面，各房有抄手游廊相连，垂花门左右墙上开有什锦窗，建筑格局完整。

## 3.1.4 西四北六条 23 号

西四北六条 23 号位于胡同北侧，是北京市文物保护单位，坐北朝南，前后共四进院落，带跨院，清末民初时期建筑。

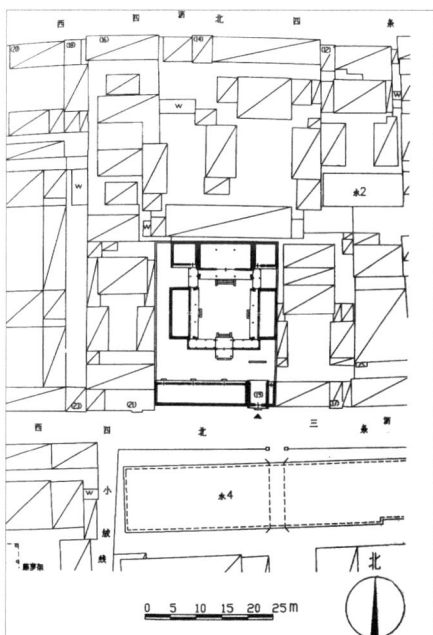

图 3.1-8 西四北三条 19 号平面图

图片来源：段柄仁.北京四合院志下[M].北京：
北京出版社，2016：709.

图3.1-9　西四北三条19号垂花门

图3.1-10　西四北三条19号院子
入口

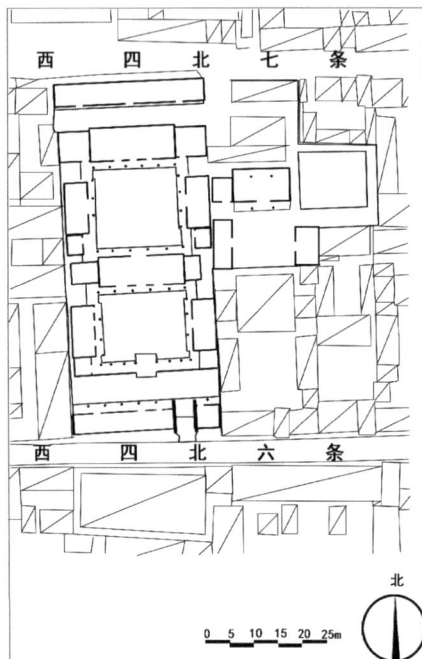

图3.1-11　西四北六条23号平面图

图片来源：段柄仁.北京四合院志下[M].北京：
北京出版社，2016：712.

图3.1-12　西四北六条23号正门如意门

图片来源：石豪东绘制

　　前门在西四北六条，后门在西四北七条。按南北轴线对称布局。宅门为标准的广亮大门形制，大门外有照壁和上马石，其门扉安装在门洞中间位置，使门洞前半部分形成较宽门廊，门扉和柱子的颜色为红色。大门东侧有倒座房两间，其西有倒座房六间。大门前檐柱上通常装饰雀替。门墩儿为圆

图3.1-13　西四北六条23号门口石件

图3.1-14　西四北六条23号如意门砖雕

鼓形，上部常雕刻狮子，侧面也常雕刻纹饰和图案。广亮大门多配置在清代一、二品官员住宅。

前院有东西配房各一间。进垂花门二进院有正房（北房）五间带左右耳房各二间，东西厢房各三间，二进院正房五间，隔扇门裙板雕《西游记》等人物故事图案及花篮盆景图案，两侧耳房各两间，东耳房一间为过道，东西厢房各三间。三进院正房五间，隔扇门裙板雕松鼠、葡萄、盆景、花篮等图案，两侧耳房各两间，东西厢房各三间。四进院后罩房九间。院墙布满"卍"字砖雕。东跨院在三进院东侧，正房三间，西侧接耳房一间，东西厢房各三间。

## 3.1.5 阜成门内大街93号

阜成门内大街93号位于胡同的北侧，坐北朝南为三进院落，民国时期建筑。该院落曾为北京西单元长厚茶庄经理、抗日战争时期北京茶叶同业行会会长魏子丹的住所。抗战胜利后，此宅收归国有，2003年被公布为第七批北京市文物保护单位，现由北京华方投资有限公司管理使用。

院落整体坐北朝南，由东西两院组成。大门位于东南角，为广亮大门形制内设影壁，前院建有倒座房，中院有正房及东西厢房，后院有正房及东西厢房、东西耳房。二进院

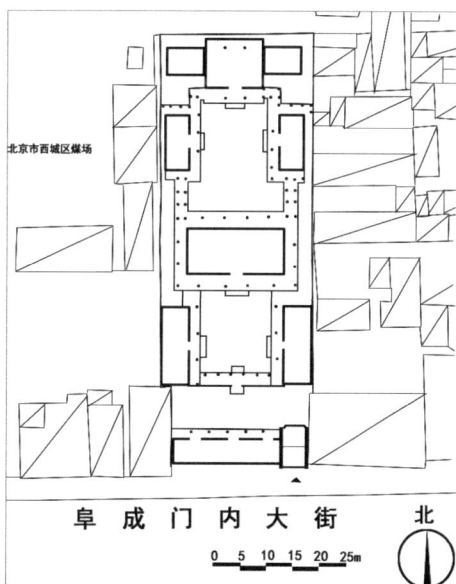

图3.1-15　阜成门内大街93号平面图

图片来源：段柄仁.北京四合院志下[M].北京：北京出版社，2016：722.

落北侧正屋为五间，近代建筑形式，拱券门窗，融入了西洋建筑的装饰手法，正房及东西厢房的屋面叠铺石板替代了传统屋瓦，颇具特色，门窗均为砖砌拱券式。三进院落北侧正屋三间，前后出廊，合瓦屋面，东西两侧耳房各两间，厢房各三间。

## 3.2 新街口的四合院的门楼

### 3.2.1 门楼文化概述

在中国古代建筑中，门的地位十分重要，常言："七分门楼三分厅堂。"门作为一个家族的脸面象征，虽然在整个建筑群中占比小，却最为人重视。门楼是指合院的临街大门建筑，是出入院落的门户，不同形状、体量、装饰能反映居住者的不同社会地位与财富。《周礼》中规定天子要有五道门，诸侯只能用三道门，可见门的使用在礼法中也备受重视。再如门楼前的"门当"，就是常说的门墩、抱鼓石，其精细程度一定程度上反映了屋主人的社会地位。"户对"即为"门簪"，是用来固定门的连楹。门簪数量越多代表了居住者的身份地位越高。而雕刻有花卉的门簪一般为官宦房屋，素面或文字的则通常表明屋主人不做官。

传统门楼种类繁多，在新街口地区也有着大量形制各异的大门，从《钦定大清会典则例》中可以看到明清政府对不同级别人员大门样式和体量有着明确的要求（图3.2-1），如："公门铁钉，纵横皆七，侯以下递减之五"。这些规定的出现也让传统门楼有了制式等级之分。通常我们把传统门楼划分为六种：王府大门、广亮大门、金柱大门、蛮子门、如意门、随墙门，其等级依次递减。这六种形制的门楼在新街口均有分布，并且随着明清时期西洋文化东渐，又出现了以传统门楼结构为基础，西方建筑立面为主要展现，融合传统与西式元素装饰纹案的西洋门楼（图3.2-2）。

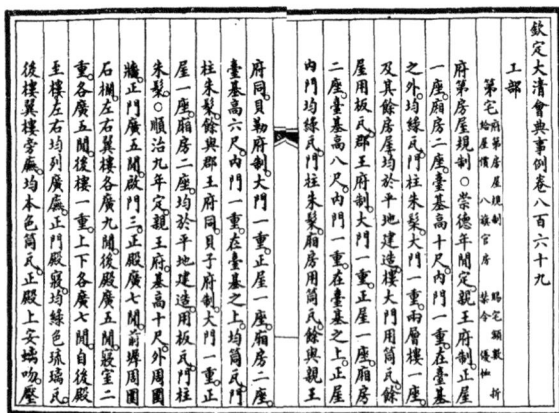

**图3.2-1　清朝府第房屋规则**

图片来源：钦定大清会典则例[M].中华书局，1991：卷八百六十九68-69.

图 3.2-2　西洋门楼示意

## 3.2.2 门楼类型及现状概况

随着城市的发展，新街口大部分区域进行了城市化建设，丢失了大量研究样本，而明清遗留的建筑群以新街口东南角的西四北头条至八条区域保存最为完整，至今仍基本保留着明清街道的规模和格局（图 3.2-3、图 3.2-4）。因此对新街口门楼的研究，主要以西四北头条至八条区域为样本展开。

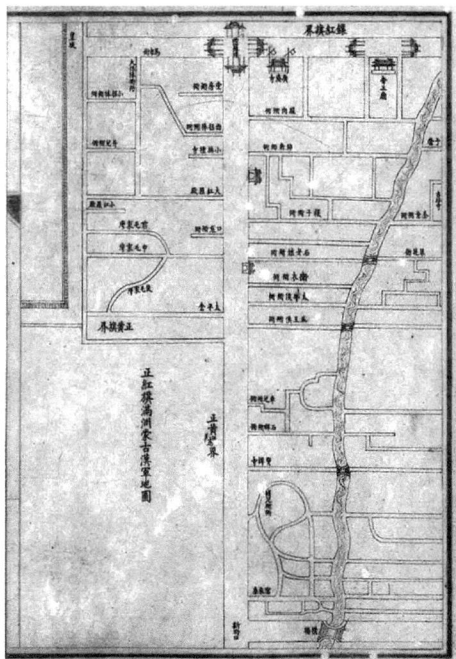

图 3.2-3　清代新街口西四部分街区格局

图片来源：北京古地图集[M].国家图书馆.测绘出版社.2011：89.

图 3.2-4　西四北八条片区卫星图

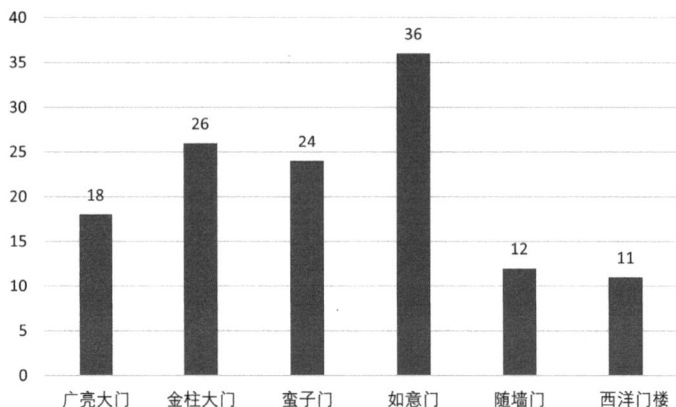

图3.2-5　西四北八条街区门楼数量统计柱状图

　　笔者经过对该区域保存尚完整的127座门楼的调研后整理得到门楼分布及统计图（图3.2-5、图3.2-6，表3.2-1）。此处的门楼以金柱大门、如意门为主，二者约占整体大门总数的48.8%，随墙门与西洋门楼数量基本相当，为该区域数量最少的门楼类型，但由于随墙门大多残破不完整，记录数量少于实际数量。其余大门数量多少，依次为蛮子门、广亮大门。

西四北头条至八条街区门楼统计概况　　　　　　　　表3.2-1

| 门楼类型 | 广亮大门 | 金柱大门 | 蛮子门 | 如意门 | 随墙门 | 西洋门楼 |
|---|---|---|---|---|---|---|
| 数量（座） | 18 | 26 | 24 | 36 | 12 | 11 |

　　传统门楼绝大多数位于道路的北侧，只有少部分蛮子门、如意门和随墙门在道路南侧，这种现象是由四合院坐北朝南，大门开在南侧的特性导致的。广亮大门与金柱大门集中在三条至六条，据考证一些名人故居也大多分布于此。

　　为更好地介绍该地区各类大门的具体情况，现按照门楼形式分述如下。

　　（1）广亮大门

　　广亮大门在等级上是仅次于王府大门的门楼，造型庄严得体，因其门洞空间既高大又敞亮而得名。通常根据门扉是否位于中柱的位置来辨认（图3.2-7）。木构架一般采用五檩中柱式，中柱延伸至屋脊的部分上托脊檩，这种做法可以利用短料，节省长材。大门一般会装有四只六边形的门簪，在迎面刻"平安吉祥"等吉辞，有时候也雕刻牡丹、荷花等花卉。门簪的作用除了装饰，有时候也可以用来承托屋大门的牌匾。广亮大门的装饰很讲究，

图3.2-6　西四北八条街区门楼分布形象

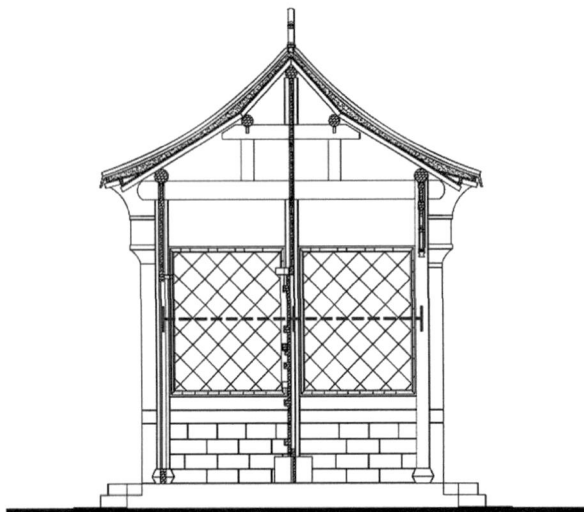

图3.2-7　广亮大门剖面示意图

图3.2-8　西四北八条5号院门楼

墀头的上部会做向外层层挑出的砖檐即"盘头"。盘头之上有"拔檐",再向上是"戗脊"。广亮大门墀头部分的戗脊砖可做得朴素无华,也可以做出精美的雕刻。

西四北八条5号院门楼(图3.2-8)就是一座比较典型的广亮大门,它的房梁全部暴露在外,在中柱上有木制抱框,框内朱红门扇将门庑一分为二,这样的设计可以使得家人、客人等门时免遭风吹日晒。前檐柱上檐檩枋板下装有雀替,大门的下槛处会有抱鼓石,其上雕刻卧狮兽面和其他吉祥寓意的图案。

(2)金柱大门

金柱大门与广亮大门之间最明显的区别是这种大门的门扉安装在前檐两金柱之间,即在金枋以下,这也是金柱大门名字的由来(图3.2-9)。金柱大门与广亮大门相比,门扇外面的过道空间较小而门扇里边的较大。金柱大门的屋脊通常在正脊两端用雕刻花草的盘子和翘起的鼻子作装饰。此外金柱大门的踏步与广亮大门有所不同,广亮大门的台阶两边有垂带,所以踏步只有前面一个方向,而金柱大门往往是前、左、右三面均为踏步。除此之外,两种大门之间没有太大区别。

西四北六条11号院门楼(图3.2-10)是一座保存较为完好的金柱大门,门扉位置比广亮大门的门扉向外推出了一步架,平面布置三排柱,即前檐柱、前檐金柱、后檐柱。

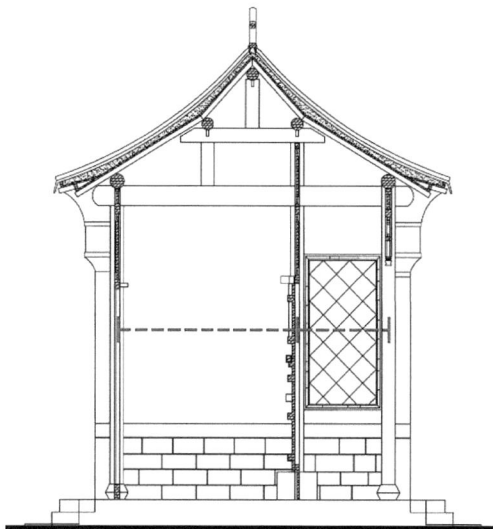

图3.2-9　金柱大门剖面示意图

图3.2-10　西四北六条11号院门楼

（3）蛮子门

关于蛮子门名称的来源说法不一，"蛮子"是当时对南方人的一种贬称，民间多说蛮子门宅院的主人是南方来京的小官员或居民，故而称其门为"蛮子门"。也有说法认为是经商的南方人发现将门扉安装在最外檐（图3.2-11），可避免给贼人提供隐身作案条件，并因此得名为蛮子门。蛮子门的门扉位置相较前两种屋宇大门更为靠前，其框槛及门扇安装在檐柱上，门前完全没有空间，门内则有较大的空间，可以存放物品，比较实用。

蛮子门在该区分布较广，其中保存较完整的是西四北六条5号院门楼（图3.2-12），木构架采取五檩硬山式，平面有四根柱，柱头置五架梁。宅门、山墙、墀头、戗檐处均未作砖雕装饰，有一对方形门枕石，门框上有四颗门簪，没有雀替。

（4）如意门

如意门在北京最为常见，大小有明显的差别，但不管门楼或大或小，门洞都相对其他屋宇式大门更矮小。这么做的原因比较多，多数情况是一般居民经济有限，但门面还要讲究，因此建一座较小的如意门楼；有的时候看到体量较大的如意门楼，或许是因为屋主人有较多的财富，但没有社会地位，就只能将大门以广亮大门的规格建成，大门置于檐柱，左右加鱼鳃墙，上加砖挂落，这样的门洞相对于其他屋宇式大门显得很小，达到既远观气魄高大，又不越制的目的；也可能是前贵败落出售宅院为平民购买后，不敢

图3.2-11 蛮子门剖面示意图

图3.2-12 西四北六条5号院门楼

越制，只得用同样的做法使门缩小。在这样多种的目的下，如意门形式较为多变。关于如意门的门也有一些说法，通常门洞宽约0.9～1m，高约1.9m。民间有"门宽二尺八，死活一起搭"的说法，是指二尺八的宽度（93.3cm），已能满足红白喜事的功能需求。

在西四北三条的程砚秋故居的门楼就是一座如意门楼（图3.2-13），墀头上做雕刻装饰，门洞的左右各有两组挑出的砖构。该门楼上有一种如意门特有的典型装饰"砖头仿石栏板"，其通常设位于屋檐下的位置，是如意门的重点装饰部位，也是如意门与其他样式门楼在装饰上的最有特色的区别之一。门口上一对门簪迎面刻"如意"二字，以求"万事如意"，这也是如意门名称的由来。

（5）随墙门

随墙门比较低档、简单，有墙垣式、栅栏式（菱角门），通常为贫困人家使用。墙垣式做法为街门开在墙垣上，左右各砌一段墙，称作"腿子"，与院墙成丁字形，其上盖单坡或双坡顶，有门无洞，框槛简单，仅有四框，门扉双扇（图3.2-14）。栅栏门通常是大户人家为车马进出之用。

（6）西洋门楼

片区内也存在一定数目的西洋式的门楼，样式相较于屋宇式大门更为多样，其风靡是随着近代城市的发展，外来建筑文化为一些达官贵人所追求而出现。西洋门楼形式自由不受传统的制约，故而风格多变。街区内较有特色

图3.2-13　西四北三条程砚秋故居　　　　　　图3.2-14　西四北三条26号

的西洋门楼是西四北三条11号的西四北幼儿园大门（图3.2-2左1）。

### 3.2.3　门楼价值与保护现状

　　正如前文所述，门楼是合院建筑群的重要组成部分，具有悠久的历史，不应只是体现屋主人是否声名显赫的标识，门楼背后承载的源远的中华传统文化，蕴涵着对中国人影响深远的儒家思想、礼制观念，"门下""门第""门风""门望"等词语也说明了我们倾向于用"门"作为氏族的表征，因此对门的研究是具有深刻文化价值的。同时历经沧桑而不坍塌的木构技术、雕琢于门楼上的砖石刻、令人叹为观止的彩绘，无不显示出古代劳动人民在建筑技术与艺术方面的成就。

　　但随着城市不断地更新与发展，历经千百年风雨洗礼，这些门楼难免在此过程中逐渐消失抑或损伤，对现存的门楼实行有效保护，是目前需要解决的关键问题。在走访调研中发现街区内对门楼的保护还存在一些方面的不足，比如缺乏门楼的保护意识，不少居民认为这些没有保护价值，只是一些普通的建筑，对于涂鸦、残损和一些破坏风貌的行为不予重视。同时，资金支持的短缺导致无法采用较好的工艺或先进技术进行保护也是问题之一，有一些砖砌墙体残损后也只是用混凝土或其他廉价材料作修补重砌，这样大大影响了门楼的整体风貌（图3.2-15）。

图3.2-15　西四北八条街区门楼保护现状示意

## 3.3 现代居住建筑——福绥境大楼

### 3.3.1 建造背景

　　1958年，中共中央八届六中全会通过《关于人民公社若干问题的决议》，提到"城市中的人民公社，将来也会以适合城市特点的形式，成为改造旧城市和建设社会主义新城市的工具，成为生产、交换、分配和人民生活福利的统一组织者，成为工农商学兵相结合和政社合一的社会组织"。《北京志·市政卷·房地产志》中有记载："在城市人民公社化运动的号召下，宣武区白纸坊、崇文区广渠门、东城区北官厅、西城区福绥境等地建起了'人民公社化'住宅大楼。其中3栋建成——西城区的福绥境大楼、东城区的北官厅大楼（现已被爆破拆除）和崇文区的安化楼。它们同样有大空间用作公共食堂并且楼内每层都配备公共水房和厕所"。福绥境大楼，原名鲁迅馆北住宅，又称"人民公社大楼"，也叫"共产主义大厦"，正是在上述背景下设计建成的，主持设计师是北京建筑设计研究院的张长儒。1959年福绥境大楼竣工，当年住进福绥境大楼的居民都需要经过严格的政治审查，每月的房费在当时也是最高的，居住在里面的人大多是干部或者科研人员。福绥境大楼承载着人们对共产主义社会的向往和改造社会的理想，也是时代留给我们的珍贵样本和实证资料。

## 3.3.2 建筑特征

福绥境大楼地处西城区新街口街道阜成门内大街历史街区内，宫门口三条1号，北临安平巷，东近宫门口西岔，南临宫门口四条，西靠福绥境胡同（图3.3-1）。建筑主体为南北朝向，东、西两端为东西朝向，总平面呈"Z"字形。大楼总建筑面积约为2.5万㎡，其中地下0.28万㎡，地上2.22万㎡。大楼内原有居民364户，每层楼大概可以住40户人家，总计993人。盖楼所用的原材料是修建人民大会堂时所剩的材料。作为周边地段唯一的高层建筑，大楼体量宏大、端庄，与东南方向的妙应寺白塔隔空相望，并与周边低矮的胡同群形成鲜明对比，在胡同群落的任何角度，都难窥其全貌（图3.3-2、图3.3-3）。

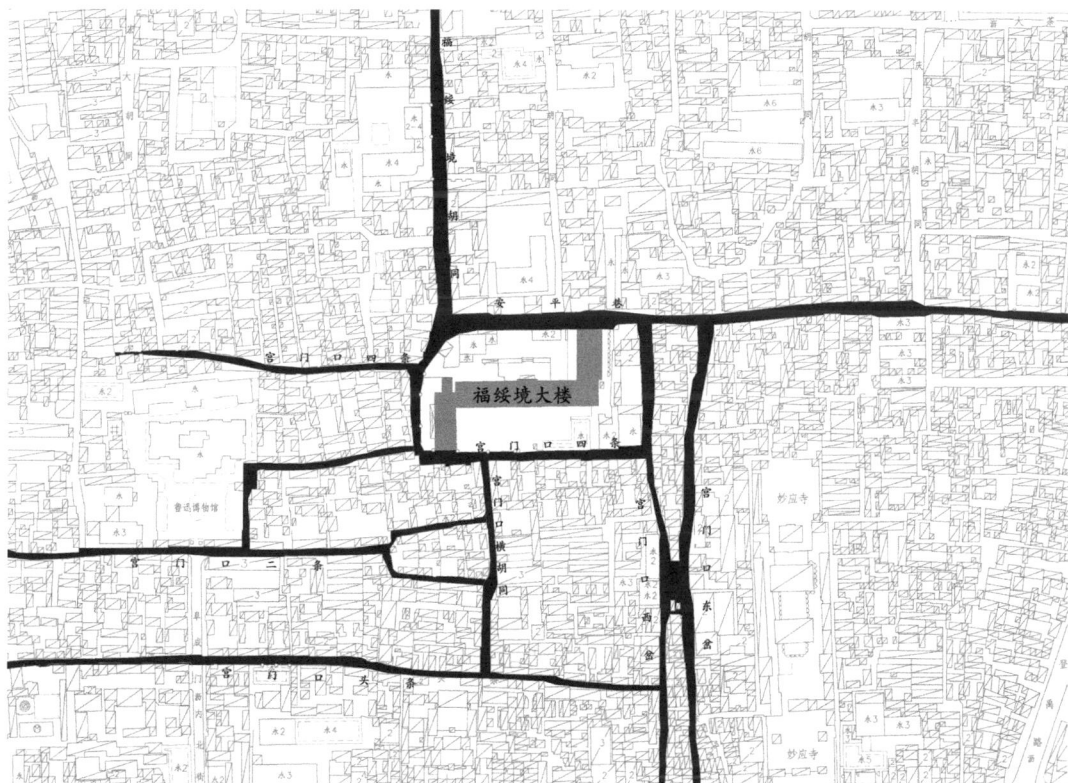

图3.3-1 福绥境大楼区位

图3.3-2 福绥境大楼建筑街景

图3.3-3 福绥境大楼建筑南侧

图3.3-4 福绥境大楼西段大厅

建筑共8层，分为成西段、中段、东段三个部分（图3.3-4～图3.3-6）。西段为幼儿园及附属宿舍。中段首层为大量公共服务用房和少量居室，二层及以上主要为居住单元（图3.3-7、图3.3-8）。东段地下一层为厨房，一层为公共食堂，标准层为居室，包含189个居住单元和101间单身宿舍，户型包括单身宿舍、二居室、三居室以满足不同人口家庭的需求，大楼的主要户型是包括一个卧室、一个起居室、一个卫生间和一个阳台的户型。地下一层为餐厅厨房，面积约548.02m²，一层为餐厅，面积约522.28m²，是为住户提供"大锅饭"的餐厅。标准层每层有公共厨房以备不时之需，标准单元内未设厨房（图3.3-9）。

图3.3-5 福绥境大楼中段大厅

图3.3-6 福绥境大楼东段大厅

图3.3-7 福绥境大楼居住单元

图3.3-8 起居室墙面

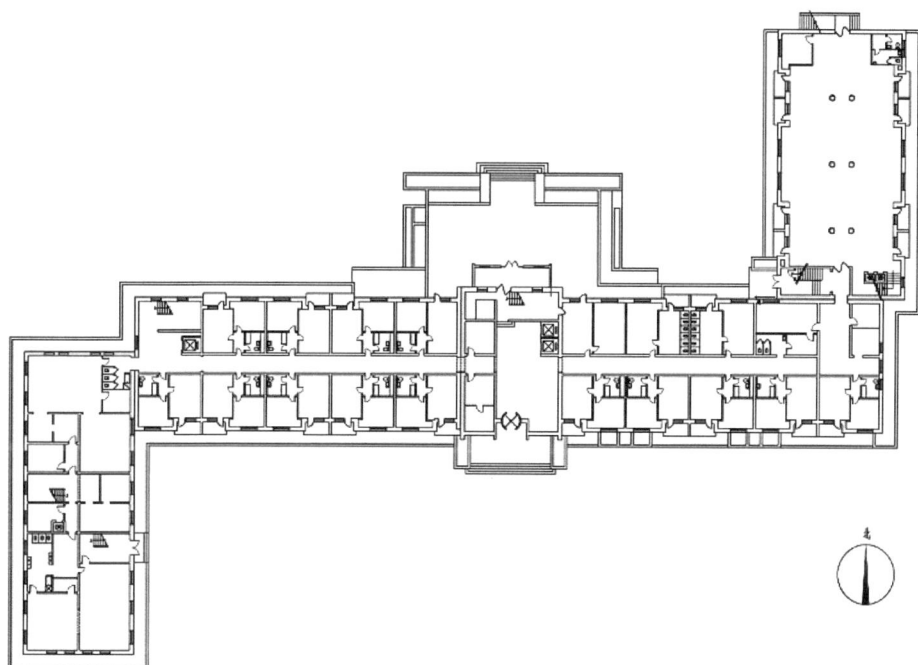

图3.3-9 福绥境大楼一层平面图

西段地下室为幼儿园厨房。首层至3层为幼儿园,能容纳200名孩子入托,包括办公室、收容室、活动室、卧室、厕浴室、隔离室、医务室、储存室等,解决职工白天上班孩子无人照看的问题。标准层(4～8层)为宿舍,每层有宿舍15间,以及公共厕所、浴室、储藏室和开水间。

原设计中建筑的整体形态为"U"字形,后变成了造型奇特的"Z"字形。"U"形楼虽然坐北朝南,但东西两个附楼会互相遮挡,使得日照不足,因此在设计后期,将大楼的"一条腿"掰过去,这样就解决了相互遮挡的问题。除此之外，内部结构上也作了一些调整。原本设在大楼顶层的公共大食堂被挪到了一层，这样不但方便楼里居民吃饭，食堂还能对外营业。对于不在公共食堂吃饭的居民，设计师在每层设了一个公共厨房，给每家每户打上隔断，居民可以在这儿生火做饭。

关于其他公共服务设施，在当时的社会制度下，人民公社生活以集体化为目标，楼内每层均有服务用房，首层还有各种服务用房，可以满足住户所有生活需求，住户可以不必出楼。中段除了门卫室，还有大量的服务空间，如理发室、小卖部、保健室、开水间、公共厨房、厕所、男女更衣间和洗浴间等。大楼内部装有3部电梯，老北京人认为电梯就是一部会发光的梯子，这种从未在北京居民楼中使用过的乘载工具第一次运用在福绥境大楼中。

### 3.3.3 建筑现状

2003年《北京市安全生产工作大事记》中有一条记载：西城区宫门口三条的福绥境大楼，因存在严重火灾隐患被列为"北京市第一重大事故隐患"。2004年该大楼被列为"北京市重大火灾隐患单位"，北京市西城区政府开始投资排险腾退。300多户如今已搬得只剩几十户。

目前，福绥境大楼所在区域作为历史文化街区，胡同风貌、肌理保存完好，大楼四周道路为胡同，路窄拥挤，与大楼整体高大体量所需不相匹配。大楼南北有两处院落，曾有两个入口，其中南侧入口仍在使用，情况较好，北侧入口封堵，建筑外观整体保存完好，略有斑驳，部分外窗缺失或被砖块封堵。由于内部存在空置、杂居等情况，造成门窗残破，部分阳台被红砖封砌。大楼经历数十年风雨，原设计从功能性、舒适性以及安全性上都不能很好满足住户需求。如今，内部除空置房屋外，还存在大量私设隔断和搭建，走廊内餐厨杂物堆砌、昏暗并有涂鸦。

有专家认为，福绥境大楼明显高于白塔，影响了白塔寺的风貌，应将它拆掉，但曾任《建筑技术》杂志总编辑的徐家和认为，福绥境大楼建于1960年代，虽不能与同期的"十大建筑"相提并论，却也是那个特殊年代的标志性建筑物，应该保留。最终，西城区听取了专家们的意见，保留了福绥境大楼。2004年初福绥境大楼被列为"北京市重大火灾隐患单位"。2005年，福绥境大楼开始排险腾退，原本364户居民，大部分从大楼搬走。2007年底，北京市规委、市文物局联合公布《北京优秀近现代建筑保护名录（第一批)》，并规定：这些建筑原则上不得拆除，建设工程选址应避让。福绥境大楼也名列其中，要求外立面不能进行改变。2019年，福绥境大楼成为北京市规划和自然资源委员会公示的北京第一批历史建筑（共429处）。

### 3.3.4 保护意义

福绥境大楼是时代留给我们珍贵而独特的文化遗产，曾经的"人民公社大楼""共产主义大厦"，是一个时代的标志。福绥境大楼是当时城市建设者、建筑师用设计回应城市化、社会分配等问题的实践尝试。而当时所需要解决的社会问题，是许多国家在快速城市化过程中都曾面临的难题。然而人民公社化运动在当代生活中留下的印记并不多，运动风潮被后来蓬勃发展的经济覆盖，大楼的公共设施本是精心为集体化公社生活设计，但它最终还是不能满足以家庭为单位的住户生活而被废弃。福绥境大楼开启了时代记忆之门，详尽地记录了人民公社化运动的前因后果、来龙去脉。有生命的文化遗产充满了故事，勾起我们的追忆、记录着历史的发展、引发公众的想象和共鸣，是保护诉求产生的根源。

各个历史时期不同风格的建筑和文物遗存本身就是历史文化的载体。福绥境大楼是当时人们理想中的共产主义生活的缩影，是那个年代的标志性建筑，有一定的历史文化价值，保留它对延续城市历史进程，保持城市发展肌理的完整都是有意义的。

4

新街口宗教建筑

## 4.1 新街口宗教建筑的发展

梁思成先生曾说过，北京建筑是"有传统、有活力、最特殊、最珍贵的艺术杰作"，新街口的宗教建筑就是极好的诠释。新街口是北京西城区的重要区域，悠远深厚的传统文化与外来宗教相互融合，形成了多教并存、中西兼容的宗教建筑文化。

### 4.1.1 新街口宗教发展概况

佛教自西汉时期传入中国，到了东汉，才真正流行起来，东汉末年已遍及各地，修建了大量的佛寺。东晋，战乱频发，百姓困苦，佛教因寄托着人们对生活的愿望与憧憬得以迅速发展，并传入北京地区。宋朝末年，蒙古汗国征服了信仰伊斯兰教的各个国家和民族后，将俘虏编入队伍，参加战争，至元朝推翻宋朝时，伊斯兰教已经发展成合法宗教，并与其他宗教并列。因统治者的信奉，元大都成为佛教发展的中心；本土的道教则在此时分化成全真派和正一派两大流派；而基督教因忽必烈开放政策的实行再次传入中国，但伴随着元朝覆灭逐渐消逝。

进入明清，佛教分化成藏传佛教和汉传佛教，道教逐步走向衰落，只活动于民间。此时中国伊斯兰教已然发展成熟。在此期间，北京城作为都城，多元宗教文化荟萃，新街口也因其得天独厚的地理位置在各方面迅速发展，逐渐形成了以佛教、伊斯兰教、天主教为主的丰富多彩的宗教文化。鸦片战争后，由于清政府签订了一系列不平等的条约，基督教开始第三次传入中国，并影响了新街口。此时道教日渐衰微，原有崇元观被毁，藏传佛教也失去了国教地位，新街口的很多庙宇被占用、变卖，乃至荒废。

新中国成立之后，新街口各宗教开始活跃起来，形成众多宗教节日活动，庙会成为必不可少的世俗生活。后来随着城市建设发展，大部分庙宇没有保留下来，民俗信仰出现了简化。

### 4.1.2 新街口宗教建筑的历史文化特征

新街口的宗教文化是经过岁月的沉淀逐步形成的，最终成就了北京新街口重要的文化形态，这一文化属性一直影响到了现在。新街口宗教建筑文化的特性表现在以下方面。

新街口宗教建筑数量多,据不完全统计,这里曾经出现过的宗教建筑有138处,除此之外,还有很多尚未掌握具体信息的实例。

新街口历史上有更多的宗教建筑,而现存建筑只是其中的一部分。当前保留的建筑有伊斯兰教、佛教、道教、基督教和天主教的建筑,其中,道教建筑崇元观已被拆除,基督教神召会教堂已改建为民居等。

新街口宗教建筑规模大小各异。一些由皇家敕建的宗教建筑占地面积达到几十万平方米;有官宦参与建造的寺庙,受到慷慨资助,规模也非常可观;而有些庙宇,如关帝庙、娘娘庙等大多由百姓建造的寺庙规模较小,占地几百平方米。有些宗教建筑保留了宗教活动,但其宗教意味已大大减弱,如道教与佛教,通过庙会延续了一点宗教含义。许多庙宇经过重修或改建,其空间布局发生了较大的变化。

## 4.2 新街口宗教建筑的分布与类型

### 4.2.1 新街口宗教建筑的分布

通过对新街口宗教建筑的梳理分析(图4.2-1),可以得出其分布特点。

历史上新街口地区宗教建筑分布广泛,无论哪个区段,均有宗教建筑或其历史痕迹。

其中数量最多的还是小规模的传统寺庙,像毛细血管一样,遍布于偏僻狭窄的胡同之内,它们建筑规模小,面向信众也比较少,很多都是默默无闻。我们现在能够列出的也只是其中的一部分,相信历史上出现的寺庙数量会更多。

而规模较大的宗教建筑则多分布于几处重要道路节点,交通便捷,入口处有缓冲空间,可以容纳更多的信众,主要集中在赵登禹路、新街口南大街、西四北大街与阜成门内大街的范围内(图4.2-2)。

### 4.2.2 新街口宗教建筑的类型

新街口宗教建筑具体可分为四种类型:佛教寺庙、天主教堂、清真寺和道观。

佛教寺庙采用的是院落布局的形式,一般以山门、天王殿、大雄宝殿

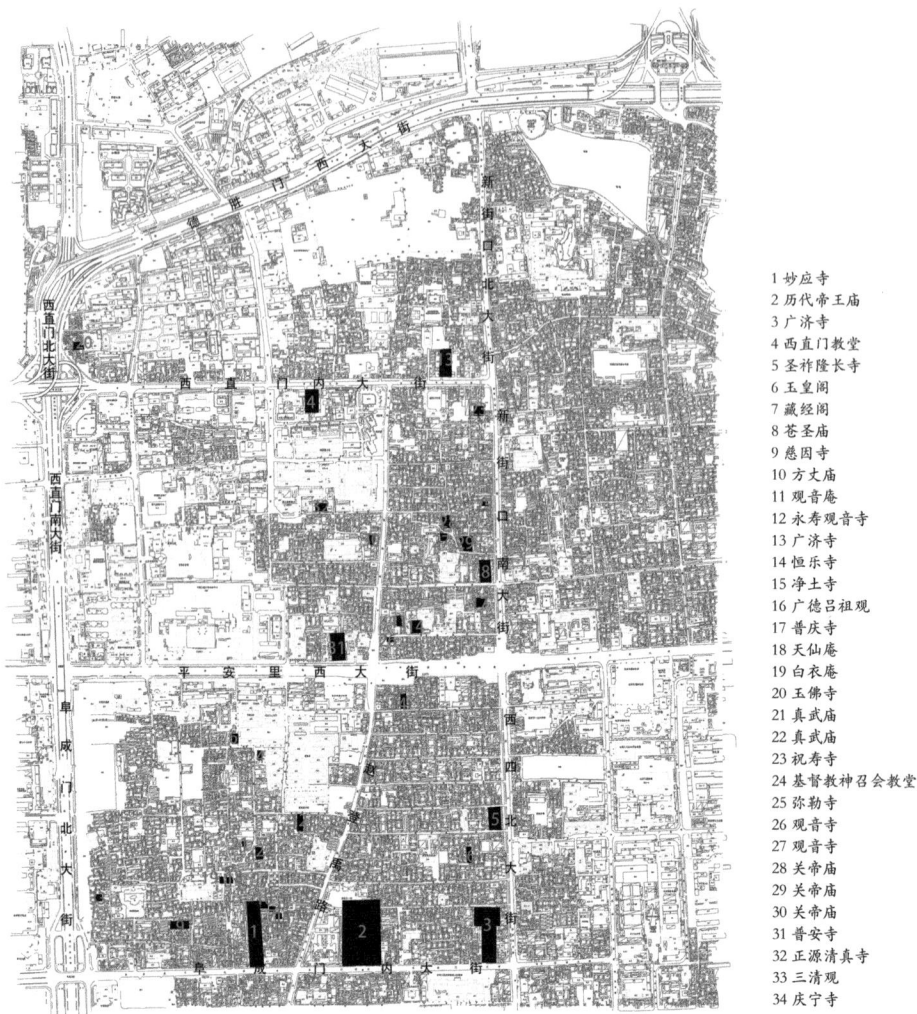

图4.2-1 新街口宗教建筑分布图

1 妙应寺
2 历代帝王庙
3 广济寺
4 西直门教堂
5 圣祐隆长寺
6 玉皇阁
7 藏经阁
8 苍圣庙
9 悬因寺
10 方丈庙
11 观音庵
12 永寿观音寺
13 广济寺
14 恒乐寺
15 净土寺
16 广德吕祖观
17 普庆寺
18 天仙庵
19 白衣庵
20 玉佛寺
21 真武庙
22 真武庙
23 祝寿寺
24 基督教神召会教堂
25 弥勒
26 观音寺
27 观音寺
28 关帝庙
29 关帝庙
30 关帝庙
31 普安寺
32 正源清真寺
33 三清观
34 庆宁寺

（又称大殿或正殿）为院落主轴线，东西两侧布置僧房、禅堂、斋堂等房屋。院内设置钟、鼓楼，大殿前设置焚香炉等。这种布局方式以纵轴为主、横轴为辅，层次分明，布局严谨，反映了各殿堂之间的微妙关系。

　　天主教堂则是典型的哥特式建筑风格，以高耸瘦削的尖顶钟楼为特征。教堂为"十"字形平面，建筑为砖石结构，外表呈青灰色，从外部来看略显朴素，但内部柱式、尖顶券窗、精致洁白的雕塑及彩色玻璃窗使得教堂内部高大华丽，钟楼顶部与十字架逐步内收形成了独有的气势。

　　伊斯兰教的清真寺主要以阿拉伯风格为主，建筑多为砖石结构。平面布局上不强调中轴对称；建筑造型丰富，长方形的寺门，浑厚饱满的绿色穹顶，门楣门顶多异域情调。殿堂一般素雅柔和，雕塑彩画不多，多用穆斯林喜爱的绿色作为装饰，简洁无华。

道观由神殿、膳堂、宿舍与园林组成，基本采用中国传统院落布局形式，注重与自然相融合，常于偏僻之处单独设院，不采用华丽、繁复的装饰，追求吉祥如意、羽化登仙的思想，整体建筑庄严肃穆、清新脱俗。

## 4.3 新街口典型的宗教建筑

新街口有上百座宗教建筑，具有宗教代表性且保留至今的建筑包括广济寺、妙应寺、历代帝王庙、西直门教堂和正源清真寺。下文从历史沿革、发展演变、空间布局、单体分析、文化价值等方面分析这些经典实例。

图4.2-2 新街口主要道路与宗教建筑分布关系图

### 4.3.1 广济寺

（1）历史沿革

广济寺，又称"弘慈广济寺"，是我国著名的"内八刹"之一。佛教从西汉时期传入中国，在金代达到了鼎盛，广济寺就始建于这一时期。据明成化二十年大学士万安所撰《弘慈广济寺碑铭》中记载，"都城内，西大市街北，有古刹废址，相传为西刘村寺"，广济寺的前身便是西刘村寺，因地处金中都北郊西刘村得名。此外，另有清初余宾硕作《喜云慧大师传》中称，"宋末有两刘家村，在西者为西刘家村。村人刘望云，自谓天台刘真人裔孙，得练气法。一日，有僧号且住者过之，望云出迎，求其说法。因为之建

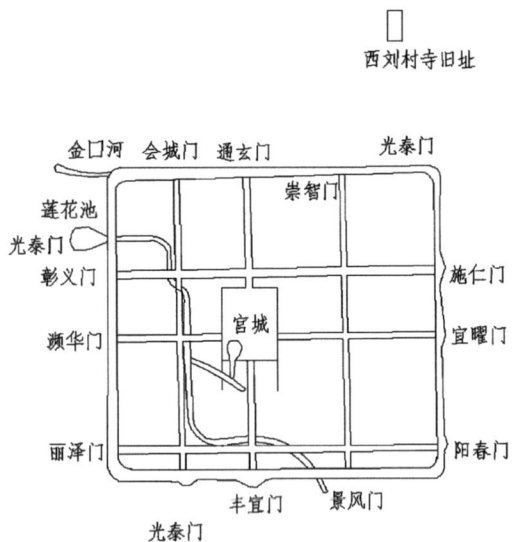

图 4.3-1　西刘村寺与金中都位置关系图

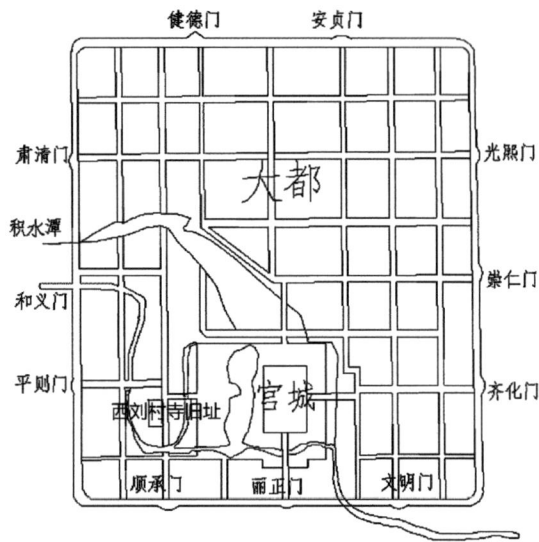

图 4.3-2　西刘村寺与元大都位置关系图

寺，曰西刘村寺"，称村民刘望云修建了该座寺，所以得以猜测村民资金有限，寺庙的规模应该不大（图 4.3-1）。

元朝时期，西刘村寺改称"报恩洪济寺"，但于末年遭战火焚毁。据《寺志》中记载，"山西曾普慧、圆洪募缘兴复"（图 4.3-2），明代广济寺的重建除依靠云游至此的普慧和圆洪大师，还得到了一些崇尚佛教的太监们的资助。他们在此地进行募捐，在废址上对佛寺进行大规模的重修，仅用两年的时间就建造了佛刹，于是在明宪宗成化二十年（1484 年）下诏改名为"弘慈广济寺"。此后，寺庙的僧人接着对其余部分进行修复。

1932 年，广济寺不慎失火，多数殿堂都被焚毁。1935 年，寺庙进行重修，虽然基本保持着原有的建筑格局，但是重修后的广济寺要比以往规模更加壮观。1949 年后，政府拨款对其进行了大量的修葺，后中国佛教协会设于此。

（2）广济寺建筑群演变

广济寺的前身是西刘村寺，但由于西刘村寺位于金中都城外的北郊，史料对其的记载甚少，且没有专业的建筑建置记载，于是研究者参照金元时期佛寺的一般布局进行推测，得到如下结论：其一，西刘村寺应为一到两进院落，大雄殿应为主体建筑；其二，山门对于一座寺院来讲不可或缺，应也在西刘村寺内；其三，佛教寺院除大殿外还应有僧侣诵经的法堂，建筑形制或低一些；其四，僧房应包括居住、饮食等功能，建于寺后方；其五，宋代之后佛寺建筑格局发生改变，钟、鼓楼也设置于院内，位于山门两侧（图4.3-3）。

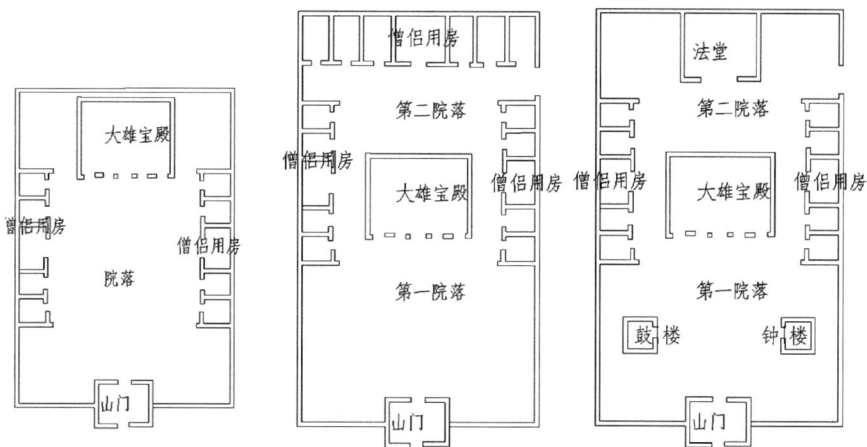

图4.3-3　广济寺推测布局简化图

明代对广济寺进行了重建。据《新志·弘慈广济寺碑铭》记载："是年（成化二年，即1466年）九月，首建山门，门内左右建钟、鼓二楼，内建天王殿。"首先建造了山门，门内左右建有钟、鼓二楼。第一座建筑便是天王殿，殿内塑四大佛像，继而建造了其他的殿宇。这项浩大的工程历时二十九年才得以完成，当时广济寺的规模十分可观（图4.3-4）。

清代，广济寺在明代的基础上进行了扩建和修葺，加建了大藏经阁。除此之外，康熙时期，北京城发生了一次严重的地震，

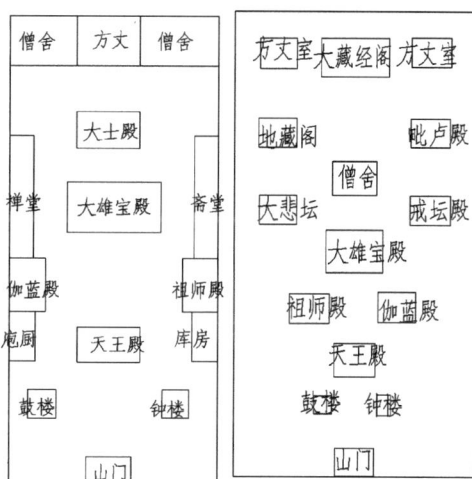

图4.3-4　明清时期广济寺布局简化图

当时"所在院宇倾颓，恒老人旧建俱毁，前后梵殿瓦缝悉裂，画壁崇垣剥落无剩"，一位镇国将军重新整修广济寺，最终修建如故。在《敕建宏慈广济寺新志》中有一张清代鼎盛时期《广济寺全景图》，比较完整地描绘了当时广济寺的整体布局（图4.3-5）。

民国21年大火，广济寺主要的殿堂几乎焚毁殆尽，仅余戒坛因材质不

**图4.3-5　清《广济寺全景图》**

图片来源：王曦晨.北京弘慈广济寺历史建筑研究[D].北京：清华大学，2015.

**图4.3-6　民国时期广济寺平面范围图**

图片来源：王曦晨.北京弘慈广济寺历
史建筑研究[D].北京：清华大学，2015.

惧火而保存较为完整。民国24年，在原明代格局上进行重修。据民国时期广济寺庙产登记表，当时的寺院总面积为二十余亩，较明清时期并无太大的变化（图4.3-6）。

1949年后，广济寺被改作他用，直至宗教政策落实，才继续用作佛教活动之用。1972年，主要修复了佛像以及寺内的文物。1993—1996年，先后对山门、主要殿堂、僧舍、禅房，以及钟、鼓楼进行了修缮或装修。在历经多次修葺后，广济寺历史风貌才得到了很好的恢复。

综上，广济寺主体建筑于明代已经确立，后经过扩建、重修、重建，遗留下来的主要单体建筑多为民国早期至中期所建，但仍然保留了明代建筑原有格局以及清代官式建筑形制。

（3）广济寺空间布局及重要单体建筑分析

广济寺坐北朝南，占地约2hm²，主中轴线含有山门天王殿、大雄殿、圆通殿、多宝殿、舍利阁等。整座寺庙布局严谨，轴线显著，错落有序，古树茂密，庄严寂静。

寺院采用院落式布局形式，在中轴线上分布重要建筑，且在东、西两侧设有配殿，并呈对称式地摆设一些石碑、碑亭和香炉等建筑小品。从山门进入层层院落到天王殿前香炉袅袅，这些建筑小品起到了点缀院落空间的作用，呈现出亲切、和谐的氛围（图4.3-7、图4.3-8）。

寺院入口处是山门，由三个石砌的拱形券门组成，通过墙连接，十分独特。中间券门为黄琉璃瓦歇山顶，左、右两面墙各有两字，一面为"阿弥"，一面为"陀佛"。门前有古槐与两座铜狮，门上镌刻着"敕建弘慈广济寺"的字样，门洞西侧有"中国佛教协会"的牌匾（图4.3-9）。

穿过山门，进入到一个宽敞的院落，东、西两侧对称设有钟楼与鼓楼，用来放置钟、鼓两种大型法器。天王殿是院落的主体建筑，面阔三间，灰筒瓦歇山顶，石券门。殿上方有中国佛教协会会长题写的匾额，殿内中间为明代的铜弥勒像，与其他各地的布袋和尚像不同的是，天王殿中供奉的是天冠弥勒，殿顶正中有金色相轮，是中国佛家协会的标志（图4.3-10）。

自天王殿东侧的门往北，即广济寺第二院落。首先是一个两米多高的青铜宝鼎，置于石雕莲花座上，工艺精湛；大雄殿正对着宝鼎，面阔五间，三开门式格局，因帝王所敕建故为黄色琉璃瓦单檐歇山顶；殿脊非常特殊，正中有个"华藏世界海"，俗称香水海，整体呈山形，由水纹、莲花和梵文构

图4.3-7 广济寺古树围绕

图4.3-8 广济寺焚香炉

图4.3-9　广济寺山门

图4.3-10　广济寺天王殿

成，寓意永恒世界、不生不灭。殿内最早供奉的三世佛，毁于火灾中，后来的三世佛是从西郊大觉寺内移来的。大雄殿下建有一米多高、由汉白玉石栏杆围成的台基，殿前有明成化、万历，清康熙、乾隆石碑五块（图4.3-11）。

　　大雄殿内部的三世佛两侧的罗汉像取自文物局库内的藏品，不过因为体量小，为达到室内空间的协调，便在大殿的原龛内加砌台座。建筑虽用于供奉神明，但殿堂内空间高度不大，会考虑佛像的尺度，但仅止步于佛像容纳。大雄殿"门内三世佛像后影壁的背面，裱贴着一幅高6m、宽11.3m，堪称国宝的指画《胜果妙音图》"（图4.3-12），来来往往的游客或者信徒只需沿着墙走就能看完画中描述的释迦牟尼灵山说法的宗教故事。这个狭小空间拉近人们与宗教之间的距离，增添了宗教的亲切感。室外的光也是大雄殿营造空间精神的重要因素。光透过大面积的格栅窗和隔扇门抵达佛教建筑的内部空间，在使得内部空间较为明亮的同时，也加强了内外部空间的流通，形成轻松、明亮、流通的场所精神。

图4.3-11　广济寺大雄殿

　　大雄殿的北门有一条砖砌平台，直通正对着的圆通殿，此处即是第三进院落。圆通殿又称观音殿，面阔五间，绿琉璃瓦歇山顶，殿内供奉一尊十一面观音铜像。圆通殿东、西两侧各有

图 4.3-12　广济寺大雄殿内指画《胜果妙音图》(局部)

一条小路,正对着最后一进院落两侧的垂花门,东侧门为"登菩提路",西侧门为"入般若门"。院中北面为两层式的楼阁建筑,成为寺庙内的制高点,名为"舍利阁"。建筑下层为多宝殿,黄色琉璃瓦檐,殿内供奉三尊铜佛像,收藏着珍贵的佛教经典和文物,以及其他国家和地区赠送我国佛教界的珍贵礼品;上层为藏经阁,绿琉璃瓦顶,殿内主要珍藏佛教经典。

寺庙的西北角还有一座建于清康熙十七年(1678年)的侧殿,内有三层汉白玉戒坛,是广济寺保存完好的最古老的建筑,也是北京城区唯一一座清代汉白玉戒坛。

(4)小结

这座历经800余年兴衰更替的古刹,不仅是汉传佛教在北京地区传播与发展的历史见证,也是传承中国传统建筑艺术的重要载体。1983年,广济寺被国务院确定为汉族地区佛教全国重点寺院;1984年,广济寺被公布为北京市文物保护单位;2006年5月25日,广济寺作为清代古建筑,被国务院批准为第六批全国重点文物保护单位。

## 4.3.2　白塔寺

(1)历史沿革

白塔寺位于北京市西城区阜成门内大街171号,是一座藏传格鲁派的佛教寺院。白塔寺,正式名称为妙应寺,初名大圣寿万安寺,忽必烈于

1271—1279年下诏划地建寺，由尼泊尔工匠阿尼哥主持修建完成。传说忽必烈命人从白塔内部向东、西、南、北各射一箭，以白塔为中心，以四箭射程划出的土地用来修建寺院。元至正二十八年（1368年），天降雷火至大圣寿万安寺，寺内殿宇皆被焚毁，唯白塔幸免于难。

明朝建立之初，首都定在南京，加上连年征战，大圣寿万安寺的遗址荒凉无人问津，直至明英宗天顺年间，朝廷决定在这座残骸上建一座寺庙。明宪宗成化四年（1468年），距离大圣寿万安寺被毁已有100年了，才在废墟之上重生出来一座新的庙宇，并被朝廷赐名为妙应寺。

1966—1997年，寺内喇嘛被遣散，大门和钟、鼓楼被拆除改建为商场，寺内其他地方被机关单位占用。唐山大地震之后，对白塔进行了修缮，其间在白塔顶端塔刹发现了爱国人士罗德俊控告日寇的一份手书。

1997年后，政府提出"打开山门，亮出白塔"的口号，拆除商场，重修山门和寺内建筑。第二年妙应寺终于重新开放。现在寺内殿宇都是按明朝形制修建。

（2）白塔寺的形制演变

据《佛祖历代通载》中记载，忽必烈以白塔为中心、划定四边界建设大圣寿万安寺，但寺庙的基址范围不得而知。姜东城先生在《元大都城市形态与建筑群基址规模研究》中指出："大圣寿万安寺基址范围应是东抵赵登禹路与阜成门大街内交点南北一线，南抵阜成门内大街，西抵宫门口横胡同，北抵安平巷北侧第一条胡同"（图4.3-13）。

《佛祖历代通载》与《元代画塑记》均对大圣寿万安寺给予了记载，由此可知：仁宗时，寺内有五间殿，八角楼四座，五方佛殿、九曜殿以及天王殿等建筑物，但具体位置未明确表明。《元大都大圣寿万安寺与白塔建筑布局形制初探》一文中推测了其建筑的原始布局。从此图中，便可以看出万安寺是以白塔为中心进行修建，殿堂向四周扩展的空间布局。

明代在大圣寿万安寺原址上按照"伽蓝七堂"寺院格局修建，重建后的妙应寺面积缩小，没有原来寺庙壮观。《敕建妙应寺碑》的碑文对明代妙应寺的寺庙格局有记载，其自南至北的格局为：寺院南边朝佛门是第一座建筑，门之后设有一座桥，观泉、观莲两个亭子在桥的东、西两侧。寺院山门内建有天王殿，其南设有钟、鼓二楼，其北建有大雄殿。伽蓝、祖师二殿分布于大雄殿东、西两侧，且南部的东西方向建有禅堂殿。自大雄殿再往北即

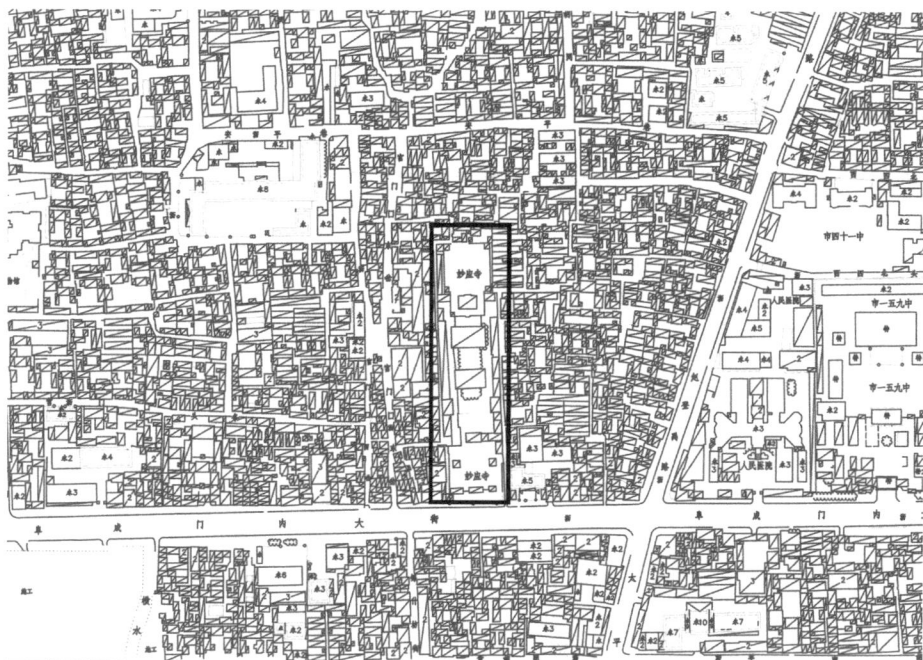

图4.3-13　白塔寺地理位置

为三大士殿，殿东侧为地藏殿，东、西殿南侧各有一殿堂，三大士殿后才为白塔。

　　清朝沿用了明朝的寺院布局，但少了朝佛门、桥以及两侧的亭子。除此之外，康熙与乾隆皇帝在妙应寺修建后留有两块石碑（图4.3-14）。

　　综上，从大圣寿万安寺至妙应寺，建筑布局经历了较大的改变，从元代的以塔为中心、其他殿宇围绕建设，转变到了明代前殿后塔的建筑布局（图4.3-15、图4.3-16）。

　　（3）白塔寺院落布局及白塔单体形象

　　白塔寺建筑群由塔院和四层殿堂组成，寺庙中轴线上排列着的建筑依次是山门、天王殿、意珠心境殿、七佛宝殿、具六神通殿和妙应寺塔，东、西方向都设有配殿。山门面阔三间，单檐歇山顶，东、西两旁有八字影壁，中间券门上有石刻横匾，上书"敕赐妙应寺禅林"，给人庄严净土的感觉。从山门入口处往北就进入一个十分宽敞的院落，即为第一进院落。院子东、西方向有对称设置的钟楼与鼓楼，再往北就是天王殿。天王殿面阔三间，歇山顶，殿内供奉大肚弥勒佛与四大天王像（图4.3-17）。

　　自天王殿东、西两侧的门往北，就看到了意珠心境殿，面阔五间，进

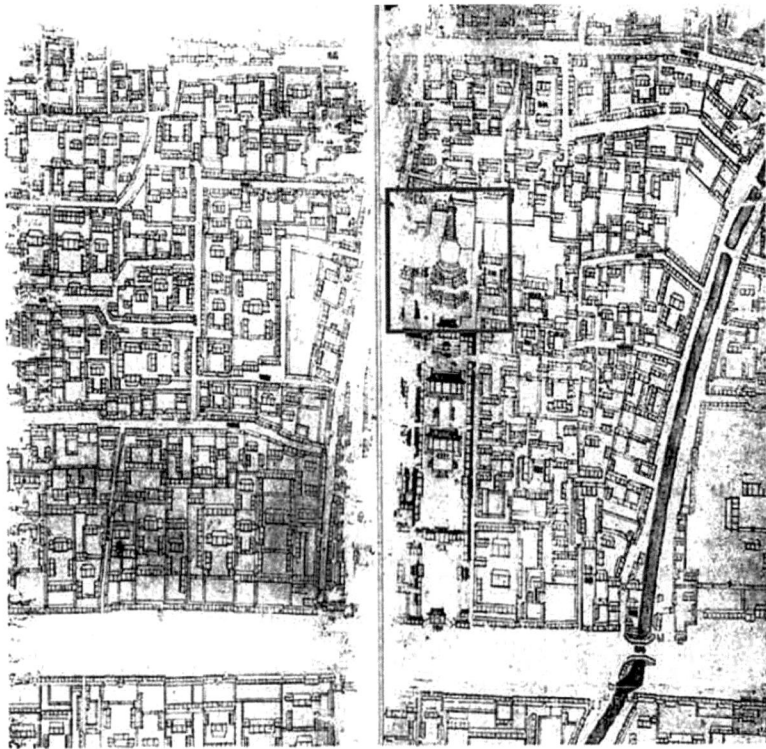

图4.3-14　白塔寺乾隆京城全图位置

图片来源：《清内务府藏京城全图》，故宫博物院，散页函装208张，比例1:2400，
1940年缩印本.

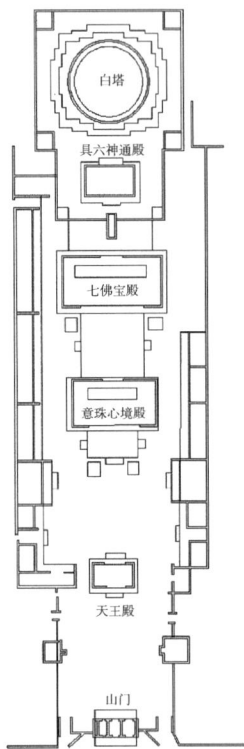

图4.3-15　白塔寺平面图

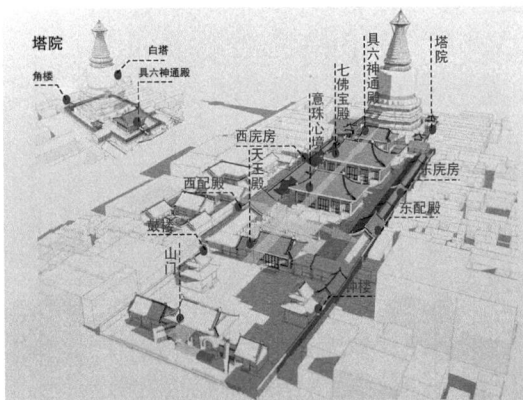

图4.3-16　白塔寺布局分析图

图4.3-17　白塔寺天王殿

深三间，庑殿顶，原悬挂有清代乾隆皇帝亲笔"意珠心境"匾额，现今已不
再悬挂。殿前出月台，月台前有幡杆两根，中间伫立着"妙应寺"铜香炉
（图4.3-18）。其北是七宝佛殿，为寺中最大的庙宇，面阔五间，进深四间，
庑殿顶，内塑七尊佛像，两旁为十八罗汉，顶饰三盘龙藻井，朱红色的门窗

和檐柱，宏伟壮观。

再往北是塔院，塔院地势较高，以红墙围成一个单独的院落，需要爬几步台阶，便看到三世佛殿（又称具六神通殿），它是寺中唯一没有被破坏且保存相对完好的殿堂，面阔三间，灰筒瓦调大脊歇山顶。殿内中央供奉三世佛像，上悬"具六神通"匾额，北墙有坐南朝北的佛灯龛三间，内砌台阶状，以供燃灯。塔院内中间耸立着白塔，塔旁有罗德俊控诉日寇的手书介绍，院内四角各有一座小角亭（图4.3-19、图4.3-20）。

图4.3-18　白塔寺意珠心境殿

白塔举世闻名，形制源于古印度的窣堵坡。它是一座典型的喇嘛塔，转世结构，由六部分组成，从下往上看分别是：塔基、塔座、覆钵、相轮、华盖和塔刹。塔基呈方形角弥座。《元代汉藏文化交流——以北京白塔寺为例》对其单体给出详细介绍：塔座有三层，横截面是一个"亚"字形，须弥座上刻有莲花图案，莲花座托起了体态硕大无朋、造型丰满浑厚的覆钵式塔身。覆钵上是相轮，是由13个直径逐渐缩小的水平轮圈组成的圆锥体，故而又叫作"十三天"。十三层相轮代表佛教界地位最高等级，供奉释迦牟尼

图4.3-19　白塔寺三世佛殿

图4.3-20　三世佛殿内

图4.3-21　白塔

图4.3-22　1860年白塔

图片来源：《费利斯·比托中国影像集》

佛舍利。再往上可以看到直径为9.7m的华盖，四周悬挂着三十六片像流苏一样的铜质华蔓，华蔓下面又垂有小风铃，微风拂过，叮当作响。铜盘上建八层铜质塔刹，分为刹座、相轮、宝盖和刹顶几个部分。整座塔造型优美，富于层叠变化（图4.3-21、图4.3-22）。

（4）小结

大圣寿万安寺即为妙应寺前身，曾具有祖庙功能，寺中白塔有着独特的造型与特殊的结构，是中国现存年代最久、规模最大的覆钵式塔，反映了渊源深厚的汉地与藏地的文化交流历史。1961年，"妙应寺白塔"被国务院公布为第一批全国重点文物保护单位。

图4.3-23　20世纪50年代白塔寺庙会

图片来源："金城玉塔：白塔寺下的市井北京"《北京日报》，2022-7-15.

除此之外，据清末夏仁虎《旧京琐记》所记载："京师之市肆有常集者，东大市、西小市是也。有期集者，逢三之土地庙，四、五之白塔寺，七、八之护国寺，九、十之隆福寺，谓之四大庙市，皆以期集。"僧人将庙内的空地和配殿出租给摊贩，每月初四、初五在白塔寺内举办庙会，这就是著名的白塔寺庙会，一直延续到了1960年（图4.3-23）。

### 4.3.3 历代帝王庙

（1）历史沿革

历代帝王庙主要祭祀中国的历代帝王，祭祀历代帝王的传统主要源于敬天法祖的理念。据《礼记·月令》记载，战国晚期将太昊、炎帝、少昊、颛顼、轩辕分别奉为木德青帝、火德赤帝、金德白帝、水德黑帝、土德黄帝，由此看出各部落自远古时期就对尧、舜、禹这些华夏民族的杰出领袖礼拜祭祀。

秦汉之际，秦始皇祭祀历代帝王没有固定庙宇，而是遇陵致祭。到了隋，虽然祭祀历代帝王成为常制，但奉祀各个帝王的庙宇还是分散开，在各帝王发迹之地设庙奉祀。盛唐，唐玄宗实行"双轨制"，除同隋一样在帝王的发迹之地建庙分别祭祀，还在京城建庙进行集中祭祀。

洪武元年，明太祖朱元璋称帝，到了洪武六年（1373年），朝廷在今南京与今凤阳原皇城西南分别修建历代帝王庙。明永乐迁都北京大约百年时间，对历代帝王与名臣的祭祀，多是在郊坛从祀。而后在嘉靖九年（1530年），废除了郊坛祭祀帝王之举，转而在都城内修建历代帝王庙进行祭祀活动。次年，北京历代帝王庙建成（图4.3-24）。

清代，祭祀历代帝王的活动达到了顶峰，经数次重新钦定享祀，虽供奉的排位有增有减，但总体数量还是增加的，其中祭祀的帝王增至188人，名臣增至79人。雍正时，还曾亲至庙堂行礼且御制碑文。乾隆皇帝则对历代帝王庙进行了大规模修缮。

民国时期，北京帝王庙仍然供奉着神龛，但祀典被废除，改由中华教育改进社使用。

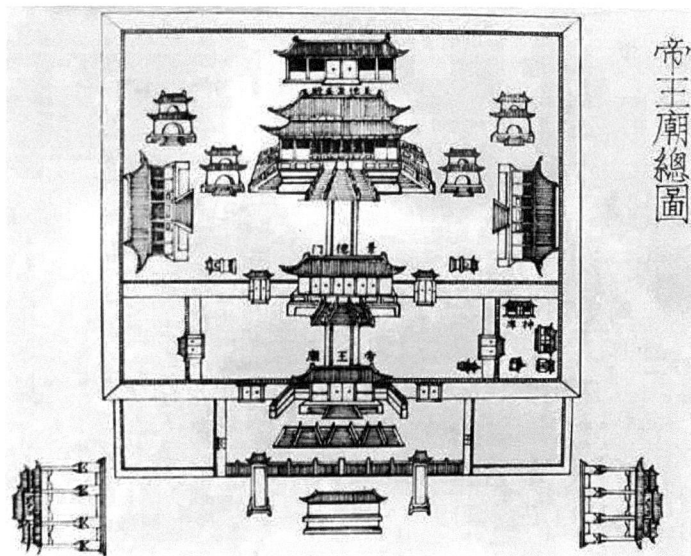

**图4.3-24　帝王庙总图**

图片来源：金开诚，张燕燕.类书之最——《古今图书集成》.长春：吉林文史出版社，2011：132-133.

（2）平面布局演变

北京历代帝王庙初建于明嘉靖十年，选址于阜成门内保安寺。从明朝都城图中可以看出，历代帝王庙靠近金水河，交通十分便利。

据明末清初孙承泽《春明梦余录》中记载，明朝中期历代帝王庙的建筑包括景德崇圣殿、东西配殿、焚帛炉、祭器库、景德门、深处、神库、宰牲亭、钟楼、下马牌等。明北京历代帝王庙，庙门、仪门（又称景德崇圣门）两侧都开了偏门，扩大了规模。庙门之后，仅设钟楼。宰牲亭迁入东侧院落，且加井亭，方便牲口的清洗。景德门圣殿后加建了祭器库，祭器库两侧加建了两座碑亭。图中未见影壁，因此影壁是否为这一时期建设，不详（图4.3-25、图4.3-26）。

清朝，顺治、康熙、雍正及乾隆四帝虽都沿用了明朝的历代帝王庙，但扩大了建筑规模及祭祀规模。庙门前设影壁，引金水河之水，河上架桥，两侧设八字墙使得庙前空间华美。

据马炳坚《历代帝王庙修缮设计》所述，"山门、景德门、景德崇圣殿、

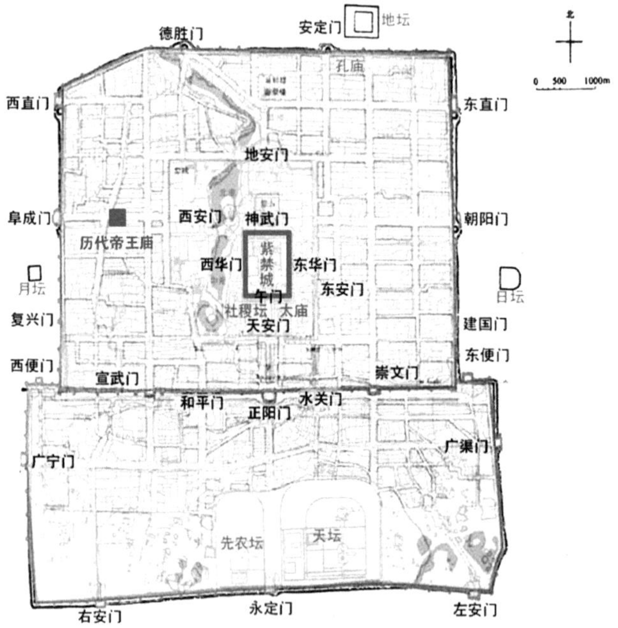

图4.3-25　历代帝王庙地理位置

图片来源：陈宇峰.明中都历代帝王庙建筑形制研究[D].南京：南京工业大学，2019.

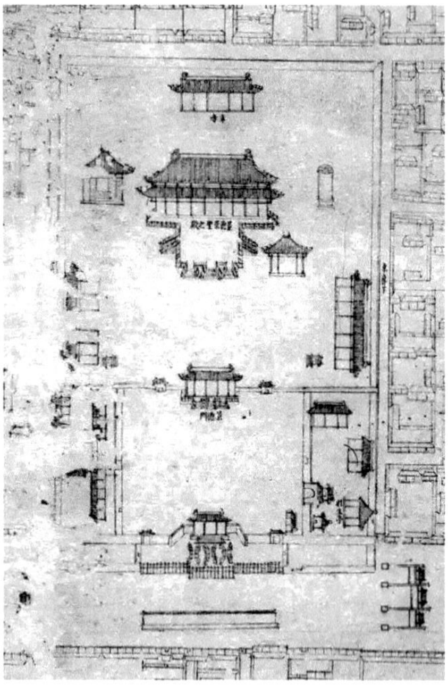

图4.3-26　历代帝王庙布局图

图片来源：《清内务府藏京城全图》，故宫博物院，散页函装208张，1940年缩印本.

东西配殿，南侧的两座碑亭以及神厨神库、宰牲亭、井亭，包括现有的掖门、围墙，均保留明代建筑特点，北侧两座碑亭和前院东侧的钟楼，具有清代建筑特点"，在明朝格局上又增设了崇德圣殿南侧两座碑亭。乾隆二十九年（1764年），景德崇圣殿和四座御碑亭的绿琉璃瓦顶改为黄琉璃瓦顶，庙宇等级抬升（图4.3-27、图4.3-28）。

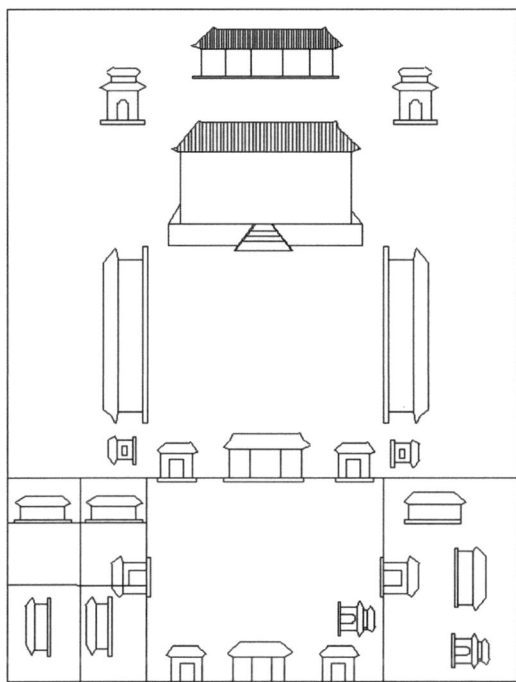

图4.3-27　仿《明会典》明中都历代帝王庙推测简图　　图4.3-28　《清会典》北京历代帝王庙平面简图

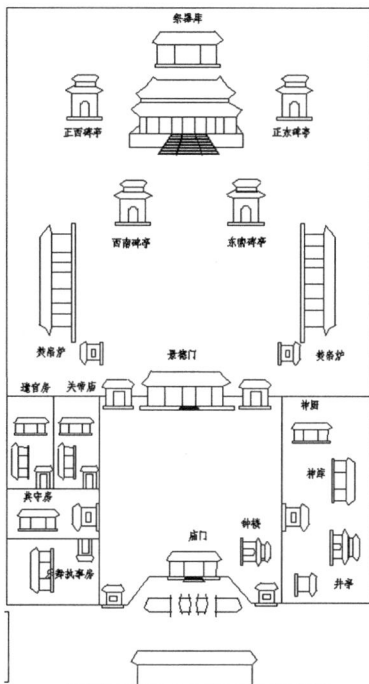

据《历代帝王庙修缮设计》所述，"由于各方面原因，均未曾对帝王庙进行过修缮，到1990年代，帝王庙早侏檩朽、檐垂瓦落、构架歪闪，几近倾颓的危险境地"。但自1930年代至21世纪大修前，一直被学校占用，为满足教学需要，逐年在校内添建学校配套用房，可见对其内部建筑产生了很大的影响与破坏。

历代帝王庙在2000年底开始进行了全面的恢复和修缮，将其恢复成乾隆鼎盛时期的庙貌，并于2004年对外开放（图4.3-29、图4.3-30）。

（3）院落布局

历代帝王庙位于西城区阜成门内大街路北，坐北朝南，建筑面积6000m²，现存4000m²。帝王庙采取中轴对称的布局形式，中轴线由南到北依次为影壁、庙门、景德门、景德门圣殿和祭器库，呈纵深排列。中轴线东侧设有钟楼、神库、神厨、东配殿以及东碑亭，西侧依次为乐舞执事房、关帝庙、西配殿以及西碑亭等建筑物。

影壁与庙门原为一体，但由于道路改造被拆分，只能隔街相望。庙门面阔三间，单檐黑琉璃筒瓦绿剪边歇山顶调大脊，左右两侧各列着一座下马碑，镌刻着"官员人等至此下马"，以示对历代帝王的尊重（图4.3-31、图4.3-32）。

与其他庙宇略有些不同，一般寺庙都会在两侧设置钟楼和鼓楼，但历代帝王庙却只设钟楼不设鼓楼，取晨钟舍暮鼓即寓含帝王永生。钟楼平面呈方

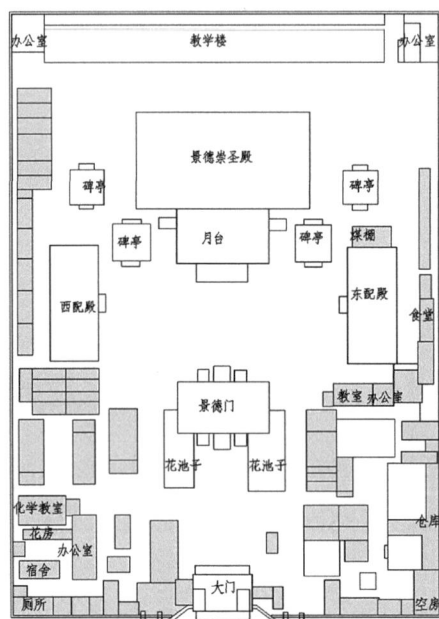

图 4.3-29　历代帝王庙被学校占用时的情况

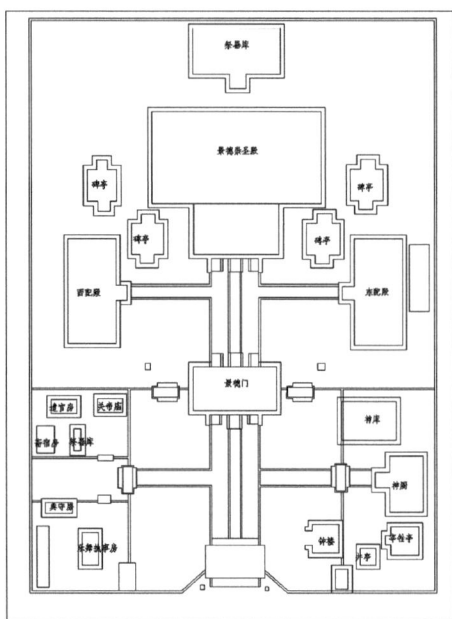

图 4.3-30　历代帝王庙修缮之后平面图

图 4.3-31　历代帝王庙影壁

图 4.3-32　历代帝王庙庙门

形，每边面阔三间，黑琉璃筒瓦绿剪边重檐歇山顶。

景德门即在钟楼北侧，面阔五间，黑琉璃筒瓦绿剪边歇山顶调大脊，台基周边环绕白玉石护栏，前后出三陛。过了景德门，便看到四座碑亭环绕着景德门圣殿，月台两侧各有一座，殿两山两侧各有一座。四座碑亭外形相仿，皆为重檐歇山顶，上覆黄色琉璃瓦，亭

图4.3-33　历代帝王庙景德门

内有巨碑，北京市文物所对石碑介绍描述：正东一座，建于乾隆五十年二月，阳面为乾隆预制满汉合文碑文，阴面无字；正西为乾隆年间修建，内立无字碑；东南的碑亭阳面为雍正十一年《御制历代帝王庙碑》，阴面为乾隆五十年《恭祭历代帝王庙礼成述事》；西南的碑，阳面和阴面均为乾隆预制碑文（图4.3-33～图4.3-35）。

景德崇圣殿是整个建筑群的主体，面阔九间，进深五间，黄色琉璃筒瓦重檐庑殿顶（图4.3-36、图4.3-37）。殿前有汉白玉月台石，三面有护栏，殿内原有十一龛，以供奉三五皇帝、历代帝王的牌位。景德崇圣殿东、西两方向上各有一座配殿，面阔七间，进深一间，黑筒瓦绿剪边歇山顶调大脊，按照"文东武西"在殿内祭祀诸葛亮、岳飞、文天祥等历代贤臣名将。帝王庙

图4.3-34　历代帝王庙碑亭

图4.3-35　历代帝王庙碑亭石碑

图4.3-36 历代帝王庙景德崇圣殿与碑亭

图片来源：法国肯恩博物馆馆藏

图4.3-37 历代帝王庙景德崇圣殿现状

图4.3-38 历代帝王庙东燎炉

图4.3-39 历代帝王庙西燎炉

图4.3-40 历代帝王庙祭器库

内还有一座专为祭祀关羽建造的关帝庙，充分强调了关羽的独特地位，也有"位尊帝王庙"之说。东、西配殿南侧各有一座燎炉，东配殿有绿琉璃燎炉，西配殿南边为砖燎炉（图4.3-38、图4.3-39）。

绕过景德崇圣殿从两侧向北，即为祭器库。祭器库始建于明嘉靖九年（1530年），面阔五间，进深一间，黑琉璃瓦绿剪边单檐歇山顶，是储存祭祀时使用的祭器的场所（图4.3-40）。

（4）小结

历代帝王庙是明清两朝祭祀炎黄祖先、历代杰出帝王和功臣名将的场所，不仅展示历代帝王名臣的历史功绩，还彰显了中国作为统一国家的民族凝聚力。除此之外，这座庙宇还是北京市爱国主义教育基地。历代帝王庙于1979年列为北京市第二批文物保护单位，1996年被国务院公布为第四批全国重点文物保护单位。

### 4.3.4 西直门教堂

（1）历史沿革

西直门教堂全称"西直门天主教堂"，正名为"圣母圣衣堂"，简称"西堂"。西堂入口的墙壁上有一块石碑记载着自己的历史。清康熙四十四年（1705年），罗马教皇派遣主教多罗枢机来中国宣布教皇敕令，而主教的随员德理格神父因精通音律得到了赏识，留在北京。雍正元年（1723年），德理格在京购地建堂，因西直门附近天主教居民最多，他买下此附近的60亩土地，并由意大利传教士百特里尼主持修建教堂，初称这座教堂为"七苦圣母堂"。这座教堂气势恢宏，规模宏大，有着典型的意大利风格。清嘉庆十六年（1811年），清政府采取禁教政策，不允许教众随意外出。德理格教父因违令被驱逐出境，西堂也被拆毁，该地段用于百姓居住。

1860年，清政府被迫签订了《北京条约》，解除了禁令，洋人便要求清政府归还教产，却发现早已改为民居。据《筹办夷务始末》记载："西直门横桥，有粉房一座，官房排子房等房十八间。后面空院。有汉军成姓、民人刘姓各住宅，均系旧西天主教堂基。"

于是清同治六年（1867年）在旧址之上重建西堂，同年，教堂主体建筑落成。这次重建的教堂已经是一座能体现出西方哥特式建筑风格的建筑，高高的钟塔屹立在主立面的中心，拱形门和圆形镂空的窗都有别于中国传统建筑（图4.3-41）。

图4.3-41　1867年西堂

图片来源：（清）樊国梁.燕京开教略三篇[M].

1900年，义和团运动爆发，西堂及其他教堂被毁。1912年，修女博朗西耶氏筹资第二次重建教堂，其名更改为"圣母圣衣堂"。此时钟楼已经达到了3层楼高，哥特式塔十分突出。

1966—1976年，教堂被改成北京市纽扣厂和电扇厂，后又被同仁堂制药厂作为仓库使用。在此期间，教堂主体损坏严重，拆除了3层高的尖顶钟楼，钟楼内的铜钟被贩卖。

1994年西堂重新开放，但主体建筑的钟楼并没有重新建造。虽然进行了一定的修复，但是因建筑的毁坏，哥特式的风格特点已不甚明显。

2007年，西堂进行了一次大规模的修复。新建的教堂大门、院落围墙按照民国样式重建，并拆除了教堂门前搭建的临时接待室。建筑主体上重建了尖塔钟楼，恢复了原有的面貌。据郭丽玲《北京四大天主教堂研究》所述，建筑内部空间安装新的中世纪风格的中央圣像壁、彩绘玻璃、电子管风琴、音响系统、汉白玉祭台、读经台、浸洗式领洗池。2008年，西堂修复完成，内部设施齐全，内部高大的科林斯立柱使得教堂空间宽敞、明亮，尖券配以宗教图案把教堂装点得十分华丽。

（2）形制

西直门教堂现位于北京市西城区西直门内大街130号（图4.3-42），今日的教堂是2008年翻修后的成果。

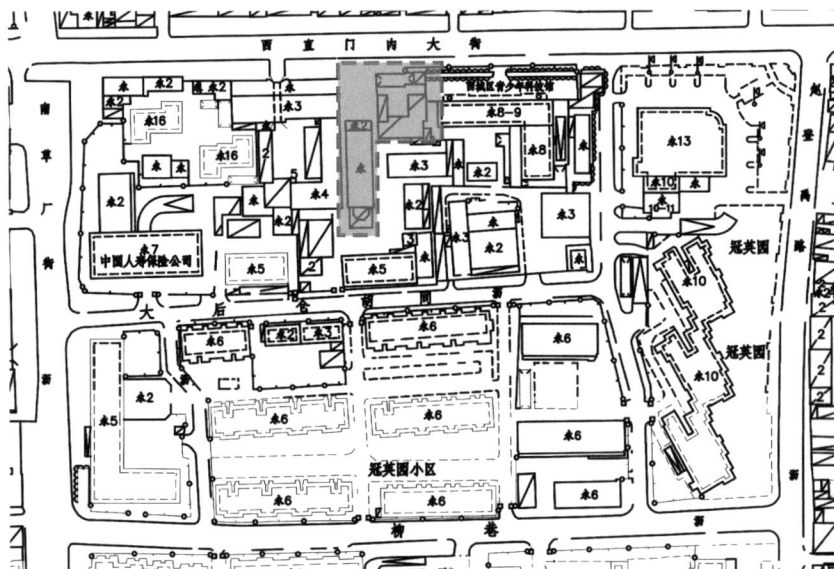

图4.3-42　西堂位置图

教堂前设有一个较为宽阔的广场，四周墙壁上刻有宗教人物雕像，其下有文字讲解宗教故事，并配以红花绿草的点缀与飞翔、栖息的鸽子，突出了宗教氛围（图4.3-43）。

图4.3-43　西堂外雕塑

从建筑平面上看，教堂坐南朝北，占地面积达1000m²，平面大致为巴西利卡式长方形布局，但与西方的巴西利卡的不同之处在于入口处设多级台阶及其朝向（图4.3-44）。教堂整体院落采用的是中国传统式套院布局形式，包括两个院落：教堂入口是第一进院落，能够看到西堂的主体建筑物；第二进院落位于教堂东侧，是办公楼与神父住房。

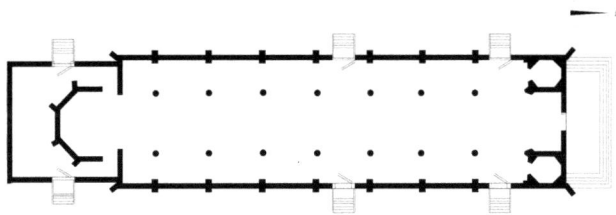

图4.3-44　西堂平面图

教堂立面被划分成了横三段、竖三段。钟楼将建筑立面分成了横向的三部分，正中主入口处设置了红色的雕刻精细的木质门。简单的线脚划分了建筑立面竖向的三部分，第一层正中门的上方的线脚呈尖三角形，第二层分别在钟楼与其两侧的墙面设置了窗。高耸瘦削的尖顶钟楼、尖顶券窗和彩色玻璃等无不凸显着哥特式建筑的典型特征，钟楼顶部与十字架逐步内收形成了这座教堂独有的气势（图4.3-45、图4.3-46）。

图4.3-45　西堂北立面图

图4.3-46 今西堂

图4.3-47 西堂内部灯光

从内部空间分析，从主入口进入教堂可以看到外部为白色大理石八边形的洗礼池，内部镶嵌着浅蓝色的马赛克，池底中央有金色十字架。中厅设有数排木制跪凳和凳子，且科林斯木柱上方刻有精美的花纹，中厅的尽端即为教堂的中心——祭坛（图4.3-47）。祭坛采用大理石地面，上方挂有巨大的圣母圣衣像，正中是金色的十字架；祭台像是一幅三折式金碧辉煌、尖拱形圣母加冕像；侧廊两边的彩色尖窗描绘着救恩史和圣人史迹，取代了以往的花卉图案。最新的射灯、中央空调等现代化设备巧妙地隐藏在西堂内部，减少视觉障碍，尽量不破坏教堂的空间感。整个内部空间宽敞明亮，十分华丽。

（3）小结

西直门教堂是北京四大天主堂中历史最短且规模最小的一个，也是四大天主教堂中唯一一个不是由耶稣会士建立的教堂。该建筑一直承载着宗教活动的功能，经历了近代以来北京的重要历史过程，见证了中西文化的碰撞与交流，具有重要的历史文化价值。

### 4.3.5 正源清真寺

（1）历史沿革

正源清真寺，又称北沟沿清真寺或赵登禹路清真寺，始建于清道光年间。如今看到的正源寺是异地重建完成的。党的十一届三中全会后，党和政府落实了宗教房产政策，占用单位也从部分房屋中移出。1986年6月，正源清真寺进行了修缮，重新开放了礼拜场所，恢复宗教活动。1997年，因市政建设，清真寺异地重建至西城区东冠英胡同，并更名为"正源清真寺"。

（2）平面布局演变

正源清真寺原址位于赵登禹路37号、39号，原寺规模较小，有礼拜殿、阿訇室、沐浴室等建筑，经异地重建，现位于西城区东冠英园西区40号（图4.3-48）。

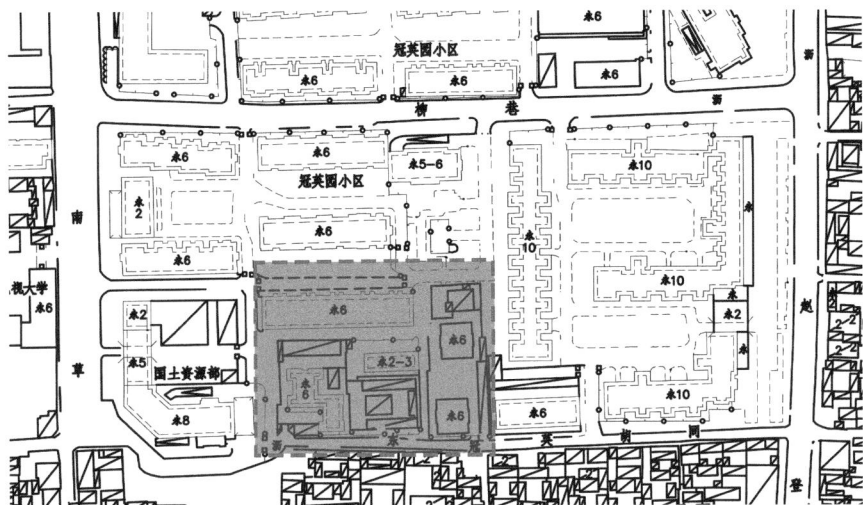

**图4.3-48　现清真寺位置图**

异地重迁时，为固定原有建筑，门洞上方的大圆包被水泥填实，这对日后使用造成了安全隐患。因此，门洞上方的穹顶在复建的同时，也进行了改造。其次，在院内礼拜殿和其他房间之间的夹道修建了玻璃顶棚（图4.3-49）。垂花门坐北朝南，院内大殿坐西朝东，整体建筑外镶瓷砖，小院氛围清新自然（图4.3-50）。

（3）院落布局

正源清真寺院落采用非对称布局，正门上方有宁夏回族自治区人民政府主席黑伯理手书的"正源清真寺"匾额，西侧写着"亘古清真"四个字，东侧则写着"护国佑民"。影壁在正门正北，右侧有一个院落，简单干净，院落的北、东和西三个方向围有建筑，门窗上采用绿色装饰（图4.3-51）。

整个建筑以阿拉伯风格为主调，又加入了垂花门楼和由木、石构成的影壁等元素，使得阿拉伯风格与中国传统风格并存，这样处理并不违和，反而得到了很好的融合（图4.3-52、图4.3-53）。

图4.3-49 原清真寺立面

图4.3-50 现清真寺立面

图4.3-51 正源清真寺影壁

图4.3-52 正源清真寺门

图4.3-53 正源清真寺室内空间

（4）简洁风格

新街口正源清真寺作为伊斯兰教建筑的代表，建筑空间宽敞，构造布局相对朴素，不设雕像祭坛与宗教图画，营造出简洁的氛围；建筑空间色调大部分是冷色调，主要以白色和绿色为主，明朗而清净，凸显着包容开放的场所意义；建筑内部多采用花草和几何形状的图案，没有繁复的雕刻及多余的装饰，表达出理性的宗教环境。

（5）小结

近些年来，随着清真寺被越来越多的人所熟知，吸引了众多穆斯林来此参观、学习、礼拜，服务人群的数量及范围不断扩大，建筑的影响力不断增加。

## 4.4 新街口宗教建筑的活化利用

改革开放以来，随着宗教政策和文物保护政策的落实，新街口的很多宗教建筑被列入文物保护名单，得到了有效的保护。这些建筑是特殊的文化资源，除了体现宗教的意义，还折射出时代变迁与社会发展，具有十分重要的价值。

全新的时代下，宗教建筑被赋予更多的新功能，承担越来越多的社会生活的功能，对于新街口的文化发展发挥着越来越大的作用。

（1）城市形象的展示

新街口宗教建筑是城市文化肌理的重要组成部分。它们特征鲜明，可识别性强，与城市空间相互依存，成为城市区域性的地标。敦厚的喇嘛塔和精妙挺拔的圣堂丰富了新街口的形象，构成了街区的视觉重心，与市民生活共同构建了一个完整的文化系统，体现了一个时代的集体记忆（图4.3-54）。

**图4.3-54 新街口鸟瞰**
图片来源：赵雅丹摄

（2）文化教育和传播

新街口宗教建筑曾经为城市文化的发展做出过突出贡献。民国时期，历代帝王庙祭祀活动已经停止，被教育部门使用。1931年，著名教育家陶行知、熊希龄、张雪门将北平幼稚师范学校迁到此处，从那时起历代帝王庙就承担着教育的责任。北平幼稚师范学校以培养幼稚师资为己任，从而推动实现全民的幼稚教育。现今的历代帝王庙，依旧承担着中小学爱国主义教育的责任，同时定期举办文化讲座及传统文化展活动，激发青年对祖国的热爱，承担起了中国历史文化传承的职责。

（3）文化艺术展示

新街口很多宗教建筑本身也是建筑艺术的精品，在布局与细部上都很讲究艺术美学，是认知和研究建筑艺术与民俗美学的宝贵范例。

广济寺中轴线布局层层深入，体现了严谨的构图之美，单体建筑的形象以及彩画色彩运用也颇具传统文化的意韵。白塔寺则成为新街口宗教文化的另一个重要区域。"2022北京白塔文化周"活动挖掘展示了白塔寺独特的历史文化艺术，展现文化遗产承载的历史价值和独特艺术。

新街口王府建筑

## 5.1 新街口王府的历史演变

### 5.1.1 北京王府的起源

王府是清代诸王行政与生活的居所，也是仅次于皇宫的建筑群组。北京王府建筑上可追溯到元代，元代实行划地封藩制度，所封之王住在各自的封地内。《析津志》中有关于北京王府的最早记录。明代朱元璋建国初始实行分封制度，但封爵而不赐土。燕王夺取帝位后，为巩固政权，在东安门东南建立十所王府府邸。如今明代这十王府已不复存在，仅存留十王府、王府街、王府井大街等地名记录下历史的存在。

清代依然采取封爵而不赐土的原则，封王不能外出就藩，均是京城赐府邸。因此清代兴建了很多王府，是北京王府发展的极盛期，形成了清代王府汇聚于北京的局面。《大清会典·工部》记载："凡亲王、郡王、世子、贝勒、贝子、镇国公、辅国公的住所，均称为府"。

本章所言的"王府"，即王公府邸的统称，既包括严格意义上的王府——亲王、郡王、公主（下嫁亲王、郡王的）府，也包括贝勒、贝子、镇国公、辅国公的宅第。

### 5.1.2 清代王府建筑规制变化

清代宗室王公府第建设的规制可分为两个阶段。入关以前宗室王公府的规制可参阅《盛京城阙图》所列的11座王府。入关以后，顺治帝制定了摄政王、诸王、贝子、贝勒、公等宫室规制。此时关于王公府第的建造制度才有成文规定。历经康熙至光绪五朝《清会典》的编纂，王公府第建造形成定制，臻于完善。

《钦定大清会典》卷五十八记载了亲王至贝子府的规制。据记载，王府主路由正门、正殿、后殿、后寝及后罩楼五座重要建筑组成，并规定了王府应采用的相应做法，从建筑的开间数量、屋顶形式到彩画、门钉等都有详细记录，不可逾制（表5.1-1）。

按清制，王府建筑中路形制一律统一。第一进院为王府大门，门旁置石狮子一对，故王府前庭俗称狮子院。其府门对面为一排倒座房，是府中长吏办公议事的地方。进出府邸走东西两侧的阿斯门，门外设下马桩及行马。第

| 爵位 | 亲王府 | 郡王府 | 贝勒府 | 贝子府 |
|---|---|---|---|---|
| 正门（间） | 5 | 5 | 3 | 3 |
| 启门（个） | 3 | 3 | 1 | 1 |
| 基高（尺） | 3 | 2.5 | 2 | 2 |
| 正殿（间） | 7 | 5 | 5（堂屋） | 5（堂屋） |
| 基高（尺） | 4.5 | 3.5 | — | — |
| 翼楼（间） | 各9 | 各5 | 5（堂屋） | 5（堂屋） |
| 基高（尺） | 7.2 | 4.5 | — | — |
| 后殿（间） | 5 | 5 | 5（堂屋） | 5（堂屋） |
| 基高（尺） | 2 | 2 | — | — |
| 后寝（间） | 7 | 5 | 5（堂屋） | 5（堂屋） |
| 基高（尺） | 2.5 | 2.5 | — | — |
| 后罩楼（间） | 7 | 5 | 5（堂屋） | 5（堂屋） |
| 基高（尺） | 1.8 | 1.4 | — | — |
| 正殿内屏座 | 设（基高1.5尺，广11尺，后列屏3，高8尺，绘金云龙） | 不设 | 不设 | 不设 |
| 彩画 | 五彩金云龙 | 金彩花卉四爪云蟒 | 彩画花草 | — |
| 正门门钉（个） | 63（纵九横七） | 45 | 45 | 45 |
| 正屋压脊（种） | 7 | 5 | 5 | 5（用望兽） |
| 下马桩高度（尺） | 10 | 9 | 8 | — |

二进院正北为二宫门（少数王府无前庭院，大门直接沿街布置，在大门内增设二门），东西两侧设有配房。第三进院是整个王府最大的院落，正北为正殿（俗称银安殿），亲王七间，郡王五间，是举办大型典礼活动的场所。银安殿两侧有配殿，供待客休憩之用。第四进院以后殿为主，面阔七间或五间，为亲王、郡王合婚之处，是后宫的主要建筑。第五进院为后罩楼，用于藏书藏宝以及存储家族纪念性物品。清代对王府东西两路建筑没有明文规定，一般为生活区。西路为住房、书斋和庭院花园，东路为家庙及王爷、王子办公学习区（图5.1-1）。

除此以外，王公府第建设还有花园、马厩、家庙等。王府花园布置较为灵活，其情况有两种，一是位于王府之内的花园，二是于府外择地另建。如新街口果亲王允礼府花园名丰泽园，面积极广，近王府面积两倍，建在府墙之外。此外，果亲王在京城西郊还建有宅园名自得园，又名承泽园，今为北

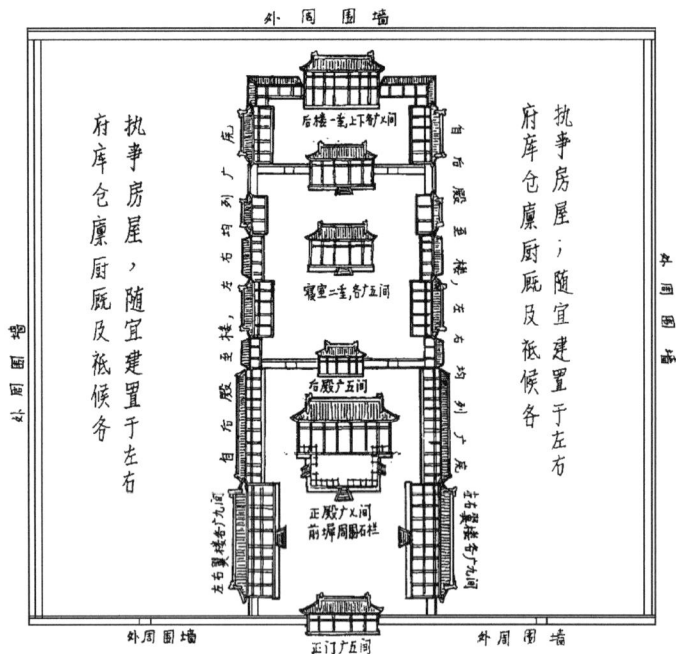

**图5.1-1 清代标准王府主路**

图片来源：刘大可，吴承越.清代的王府(上)[J].古建园林技术，1997，3(1)：44-50.

京大学宿舍区，是保存最为完整的古典宅园之一。惠亲王的别园名为鸣鹤园，俗称五老园，在今北京大学校园内。有的王府还附带马厩，即饲养马的房院，如端郡王府的马厩，在其府之东。部分王府还有家庙甚至王庙，即专为王府家用的佛教建筑与家族祠堂。

清代王府建筑规制等级森严，无论王府、家庙、花园皆不可逾制，否则轻则罚俸，重则夺爵。因此，绝大多数的王府在规划建造时，往往在一处或数处，宁可低于朝廷的规定以免逾制。

### 5.1.3 清王府发展演变

现存的北京王府均为清代王府的遗迹。新街口的王府发展经历五个阶段。

（1）明址改建阶段（清代初年至顺治末年）：清初王公府第尚来不及建造，因此许多王府是在明代府邸的基础上改建的，这一时期的王府以"八大铁帽子王府"为主。新街口虽无铁帽子王府，但西四街区的谦郡王府，其府主瓦克达即为铁帽子王代善第四子，这也是新街口最早出现的王府。

（2）统一兴建阶段（顺治末年至乾隆后期）：这一阶段是北京王府兴建的繁盛期。在康雍乾盛世，由于王府规制颁行，工部则例等有关制度也陆续完备，这时的王府规模便基本上程式化、定型化了。新街口的王府大多建于这一时期，如惠郡王府、诚亲王旧府、直郡王府、果亲王府、泰郡王府、辅国公九如宅、恂郡王府、贝勒永瑆府。从1747—1776年《精绘北京地图》中可见，果亲王府紧贴着慎郡王府。这是因为两个王府的前身是一个大型府邸，即诚亲王旧府。在王府规制出现后，该府邸一分为二，既解决了某王独

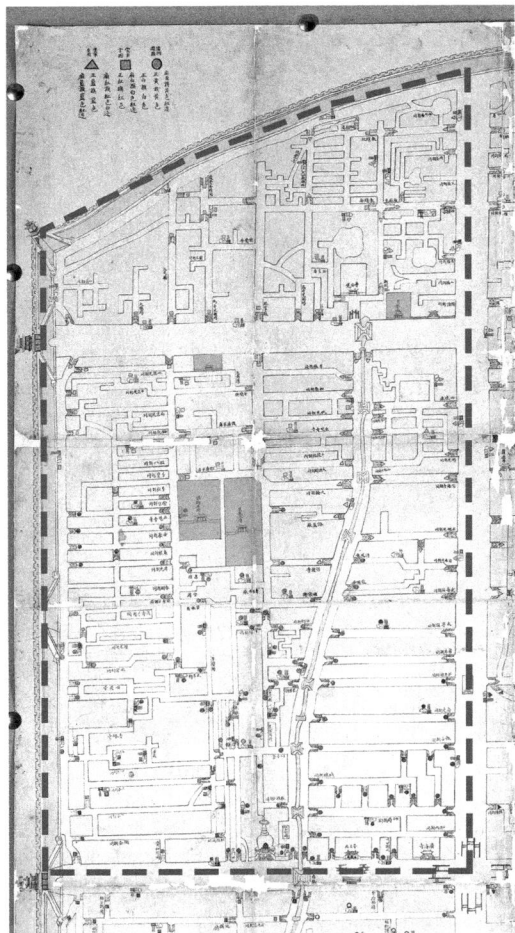

图5.1-2　1747—1774年新街口王府分布

图片来源：作者根据大英图书馆藏《北京内城图》绘制

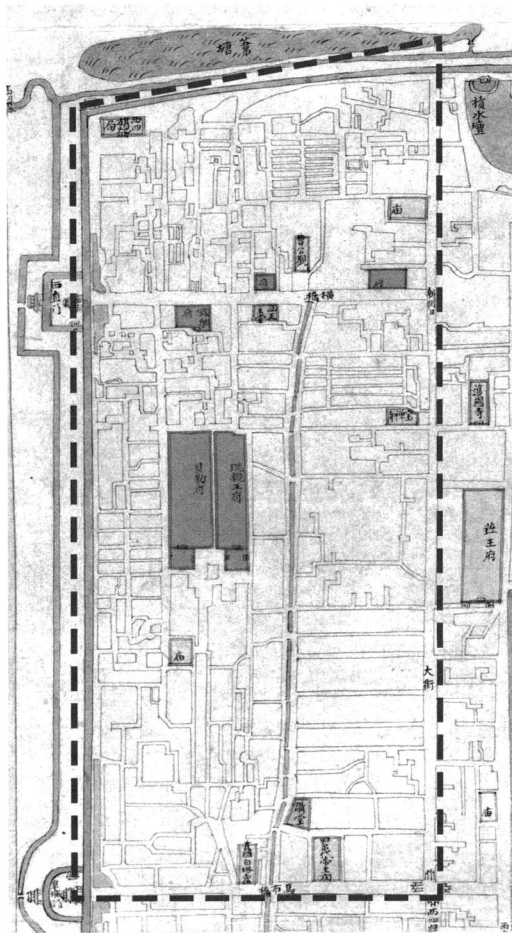

图5.1-3　1861—1887年新街口王府分布

图片来源：作者根据美国国会图书馆藏《北京全图》绘制

住逾制的问题，又安插了新王（图5.1-2）。

（3）沿用改建阶段（嘉庆年前到清朝末年）：王府新建者少，新封王的府邸大多是既有的旧王府，王府以旧府修缮扩展为主。直至清朝后期，北京内城具有一定规模的可用于修建王府的空地也日渐稀少。新街口地区的恂郡王府，就曾先后被赐给寿恩固伦公主与寿庄固伦公主，光绪年间又改赐贝子毓橚。1861—1887年《北京全图》中恂郡王府标注为额驸府（图5.1-3）。

（4）衰落破败阶段（清末至1949年）：清末新街口王府的衰败有两个时间点，一是1900年庚子事件，一批支持义和团的亲王王府被八国联军焚毁，如1908年《最新北京精细全图》中新街口的果亲王府和慎郡王府被烧毁，原址建为学堂（图5.1-4）。二是辛亥革命后停发旗人俸饷，无以为生的皇族显

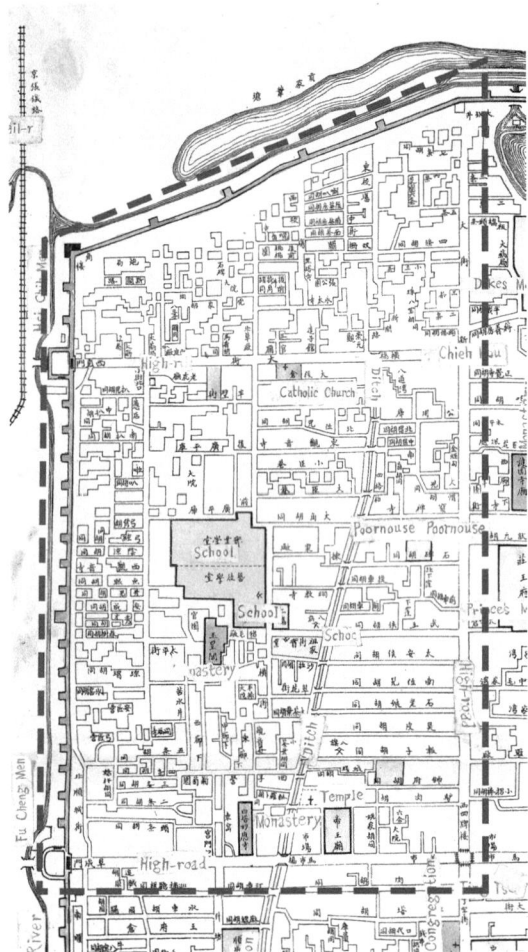

**图5.1-4　1908年新街口王府分布**

图片来源：作者根据京都大学图书馆藏《最新北京精细全图》绘制

贵抵押变卖房产而致凋谢，如新街口的魁公府于1946年被陆续出售。

（5）改用保护阶段（1949年以来）：新街口王府主要经历了中华人民共和国成立后的改用、"文革"的破坏，以及改革开放后的房地产拆迁。王府在很短的时间内迅速败落，被拆除、分割、改建，成为医院、学校、大杂院、厂房等，如福绥境房管所迁到奈曼亲王府后，对院内建筑物进行拆改和建设。同处新街口的礼多罗贝勒府和魁公府，分别被列为西城区文保单位与挂牌保护院落，得到了较好的保护。

## 5.2 新街口王府建筑空间分布特征

清代王府一般建在内城之内、皇城以外，形成拱卫皇城的布局特点。清代初期北京的王府主要集中在东城，许多王府利用明代旧的府邸。据《天咫偶闻》记载："内城诸宅，多明代勋亲之所"。清代中后期王府则多集中在西城，西城三海常有皇室活动，又有许多八旗贵族学校，因此诸王在西四北和什刹海地区建造了许多王府。

王府选址原则上应在所隶旗内，但因各种原因难以实施，导致王府主人的旗属与府址不一定同旗。因此，北京王府的分布并不受限于内城的八旗界址（图5.2-1）。

### 5.2.1《乾隆京城全图》中的王府建筑

《乾隆京城全图》是了解新街口王府建筑的重要资料，清晰地描绘了新街口王府建筑的分布位置和结构形态。该图中所有的宫殿、王府、衙均为双重线勾勒，配合图上的文字注明，区别于一般的建筑物和四合院住宅。《乾隆京城全图解说·索引》共标出42座府第的名称，其中"王府"26座、"公主府"1座、"辅国公府"15座。新街口地区明确标注的王府建筑共6座，即贝勒弘明府（即惠郡王府）、恂郡王府、果亲王府、慎郡王府、贝勒球琳府、辅国公九如宅。（表5.2-1）

清朝京城所有的王府都是属于朝廷的公产，内务府根据皇上的旨意及王公们爵位的晋封或褫夺，将其分配给王公们居住或收回。因此，某一位王公可能先后有不同的府第；而某一座王府宅邸也可能先后有几位不同的府主。通过对新街口历史上出现过的14个王府进行归纳，分为以下两类：①一府多主的王府：果亲王府、慎郡王府、恂郡王府、贝勒永瑺府；②同支沿袭的王府：奈曼亲王府、泰郡王府、惠郡王府、谦郡王府、直郡王府、礼多罗贝勒府、魁公府、辅国公九成宅、一等英诚公府、二等公宣义伯府。

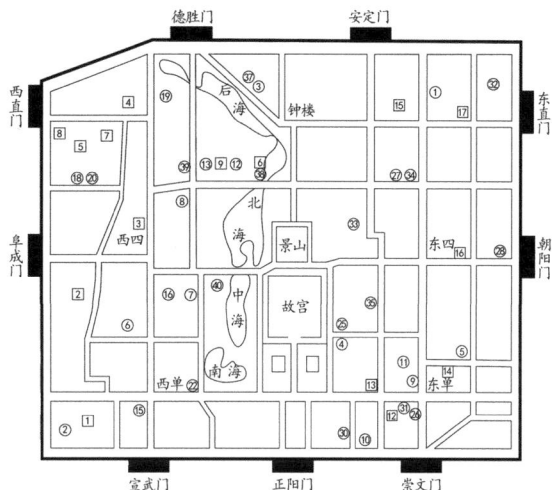

图下注
亲王府：①雍亲王府、②醇亲王府（南府）、③醇亲王府（北府）、④睿亲王府、⑤睿亲王新府、⑥郑亲王府、⑦礼亲王府、⑧庄亲王府、⑨豫亲王府、⑩肃亲王府、⑪怡亲王府、⑫恭亲王府、⑬庆亲王府、⑭庆亲王老府（同⑬）、⑮敬谨亲王府、⑯翼亲王府、⑰定亲王府（同⑯）、⑱诚亲王府、⑲诚亲王新府、⑳果亲王府、㉑荣亲王府（同②）、㉒仪亲王府、㉓成亲王府（同③）、㉔瑞亲王府（同⑳）、㉕英亲王府、㉖裕亲王府、㉗老醇亲王府、㉘恒亲王府、㉙惇亲王府（同㉘）、㉚淳亲王府、㉛廉亲王府、㉜履亲王府、㉝诚亲王府、㉞和亲王府、㉟惠亲王府、㊱端重亲王府（同⑤）、㊲醇亲王府（北府）花园（宋庆龄故居）、㊳恭亲王府附属建筑（郭沫若故居）、㊴庆亲王府附属建筑（梅兰芳故居）、㊵清末摄政王府
郡王府：①克勒郡王府、②顺承郡王府、③谦郡王府、④惠郡王府、⑤直郡王府、⑥敦郡王府、⑦恂郡王府、⑧泰郡王府、⑨愉郡王府、⑩钟郡王府（同⑨）、⑪慎郡王府（同⑱）、⑫绕余郡王府、⑬温郡王府、⑭宁郡王府、⑮循郡王府、⑯孚郡王府、⑰理郡王府

**图5.2-1　北京内城亲王与郡王府分布**

<br>

| 《乾隆京城全图》中的新街口王府建筑 | | | | | 表5.2-1 | |
| --- | --- | --- | --- | --- | --- | --- |
| 名称 | 贝勒弘明府 | 恂郡王府 | 果亲王府 | 慎郡王府 | 贝勒球琳府 | 辅国公九如宅 |
| 前庭 | — | — | 有 | — | — | — |
| 正门（间） | 3间 | 5间 | 5间 | 3间 | 3间 | 1间 |
| 正殿（间） | 5间 | 5间（有台基） | 7间（有台基） | 7间（有台基） | 5间 | 3间 |
| 配殿（间） | 3间 | 5间 | 7间 | 7间 | 3间 | 3间 |
| 寝门/后殿（间） | 1间 | 3间 | 5间 | 5间 | — | — |

| 名称 | 贝勒弘明府 | 恂郡王府 | 果亲王府 | 慎郡王府 | 贝勒球琳府 | 辅国公九如宅 |
|---|---|---|---|---|---|---|
| 寝殿（间） | 5间 | 5间 | 7间 | 7间，带抱厦5间 | 5间 | 9间 |
| 配殿（间） | 3间 | 3间 | 5间 | 5间 | 3间 | — |
| 后罩楼/房（间） | 13间 | 5间 | 7间 | 5间 | — | 11间 |
| 东路附属建筑（路） | 1路 | 2路 | 2路 | — | 1路 | 1路 |
| 西路附属建筑（路） | — | — | — | 2路 | 1路 | — |
| 府园 | — | 有 | 有 | 有 | — | — |

## 5.2.2 新街口王府建筑分布

据《北京王府建筑》记录，北京东西两城保留的王府共计37座，其中全国重点文物保护单位5座，北京市级文保单位16座，区级文物保护单位8座，还有8座未被列为文保单位。

笔者调查发现新街口地区曾有王府建筑14座，现存较为完整的王府仅2座，即魁公府与礼多罗贝勒府，分别为区级文保单位与挂牌保护院落，均尚未对外开放。其余12座保存已很不完整（表5.2-2，图5.2-2）。

**新街口王府建筑详情汇总表** 表5.2-2

| 序号 | 府第名称 | 地址 | 王府主人 | 保存现状 |
|---|---|---|---|---|
| 1 | 泰郡王府 | 北大安胡同（原北扒儿胡同1号、2号） | 弘春于清雍正元年（1723年）封贝子，雍正十一年（1733年）晋封泰郡王 | 已无残存。现为北京市消防中心及国二招宾馆 |
| 2 | 恂郡王府/橚贝子府 | 西直门内大街170号、172号 | 允禵（tí）是清康熙帝第十四子，乾隆十三年（1748年）晋封恂郡王。毓橚为清成亲王永瑆玄孙溥蓁长子，同治十一年（1872年）袭贝子 | 已无残存。现为军事管理区及西直门宾馆 |
| 3 | 贝勒永瑆府 | 西直门内大街195号 | 永瑆是清乾隆帝第十二子，乾隆四十一年（1776年）卒，嘉庆四年（1799年）追封多罗贝勒 | 已无残存。现为国家电网充电站 |
| 4 | 惠郡王府/贝勒球琳府 | 西直门内大街51号 | 博翁果诺是清太宗皇太极之孙，康熙四年（1665年）封惠郡王。博翁果洛之孙球琳，于雍正朝袭贝勒后晋惠郡王，乾隆朝降贝勒 | 已无残存。现为西都公司、志成小学及西城区税务局第二税务所 |

| 序号 | 府第名称 | 地址 | 王府主人 | 保存现状 |
|---|---|---|---|---|
| 5 | 诚亲王旧府/慎郡王府/质亲王府 | 平安里西大街43号 | 允祉是清康熙帝第三子，康熙三十七年（1698年）封为诚亲王。允禧是清康熙第二十一子，乾隆即位后封慎郡王。永瑢是乾隆帝第六子，乾隆五十四年（1789年）十月封质亲王 | 已无残存。现为中国儿童中心 |
| 6 | 果亲王府/瑞亲王府/端郡王府 | 平安里西大街41号、43号 | 允礼是康熙帝第十七子，雍正元年（1723年）封果亲王。瑞亲王绵忻是清仁宗第四子，嘉庆二十四年（1819年）受封瑞亲王。载漪是淳勤亲王奕誴第二子，咸丰十年（1860年）奉旨过继与瑞敏郡王奕誌（zhì）为嗣，光绪十五年（1889年）封端郡王 | 已无残存。现为中纪委办公楼及中国儿童中心 |
| 7 | 魁公府 | 宝产胡同甲23号至29号 | 魁璋为清康熙帝之兄，裕亲王福全的第九代世孙。清光绪二十三年（1897年）袭镇国公 | 院落保存较为完好，有局部拆改，1989年公布为西城区文物保护单位。 |
| 8 | 谦郡王府 | 西四北八条9号、11号（原燕京造纸厂旧址） | 瓦克达是清太祖努尔哈赤之孙，礼烈亲王代善第四子，顺治三年（1646年）授三等镇国将军，顺治五年（1648年）晋封谦郡王 | 已无残存。现为北京市正泽学校平安里校区 |
| 9 | 奈曼亲王府 | 西四北七条27号（原太安侯胡同12号） | 末代奈曼郡王苏克图巴图尔，俗称苏王，光绪三十一年（1905年）袭郡王，民国初年晋封亲王 | 仅宅门与正房保留。现为民居大杂院，归属于福绥境房管所 |
| 10 | 辅国公九如宅 | 西四北五条甲1号 | 九如是英王阿济格后裔，清乾隆十一年（1746年）封辅国公 | 已无残存。现为西城区教育研修学院 |
| 11 | 礼多罗贝勒府 | 阜成门内大街243号 | 礼多罗贝勒是清太祖努尔哈赤次子代善的后裔，生平不详 | 院落保存完好。现为挂牌保护院落，归属于政务院机关事务管理局和华北军区营房部 |
| 12 | 直郡王府 | 前半壁街西 | 允禔是清康熙帝长子，康熙三十七年（1698年）封直郡王，康熙四十年（1701年）被削爵囚禁 | — |
| 13 | 一等英诚公府 | 翠花街路北 | 清朝开国元勋之一舒穆碌·扬古利（1572—1637年）府第在翠花街，至其十二代孙扎克丹一直居住于此 | — |
| 14 | 二等公宣义伯府 | 阜成门内大街路北 | 宁海大将军伊勒德 | — |

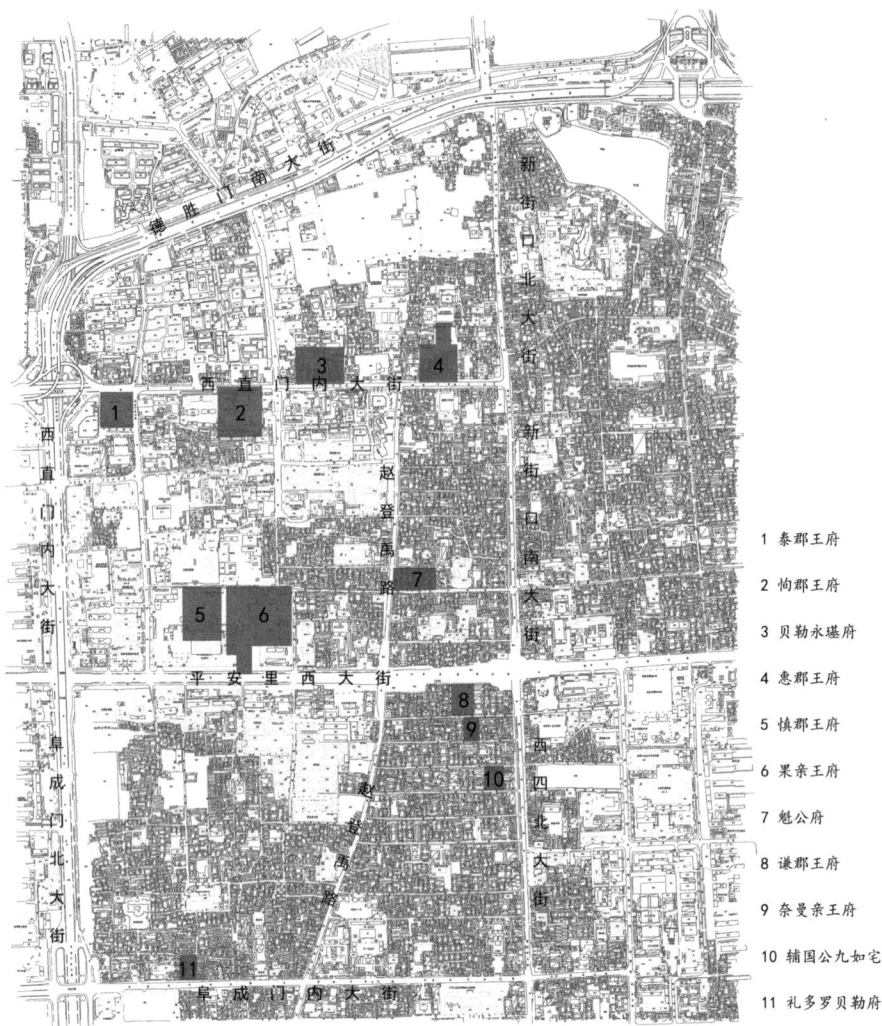

图5.2-2 新街口王府分布图

右侧图例:

1 泰郡王府

2 恂郡王府

3 贝勒永瑆府

4 惠郡王府

5 慎郡王府

6 果亲王府

7 魁公府

8 谦郡王府

9 奈曼亲王府

10 辅国公九如宅

11 礼多罗贝勒府

新街口的王府建筑目前主要有以下三种使用状况。

（1）被国家行政机关单位征用作为办公场所：果亲王府现在是中央纪律检查委员会的办公地点；魁公府的大部分院落被福绥境派出所使用；惠郡王府的部分区域则被税务所使用。

（2）被国家事业单位征用作为公共服务场所：慎郡王府如今是中国少年儿童活动中心；谦郡王府成为正泽学校；惠郡王府现为志成小学；辅国公九如宅现为西城区教育教学研究中心。

（3）被企业使用：恂郡王府所在区域现为西直门宾馆和军事管理区；贝勒永瑆府成为国家电网充电站。

此外，还有一些王府建筑作为居民混居的场所，如礼多罗贝勒府、魁公府中路、奈曼亲王府，现在均为大杂院。

## 5.3 新街口典型的王府建筑

北京城自清王朝灭亡后，王府在很短的时间内迅速败落，被拆除、分割或改建，成为医院、学校、大杂院、厂房等。许多王府踪迹难觅，遗迹无存。新街口街区的魁公府和礼多罗贝勒府是现今保存完整的两座王府。

### 5.3.1 魁公府

（1）建筑概况

魁公府位于北京市西城区新街口街道宝产胡同甲23号、25号、27号、29号，赵登禹路58号、60号，四根柏胡同18号，是一座庞大的建筑群，西邻赵登禹路，南邻宝产胡同，北邻四根柏胡同，东侧临近新街口南大街（图5.3-1～图5.3-6）。

图5.3-1　宝产胡同29号（西路西侧侧门）

图5.3-2　宝产胡同27号（西路金柱大门）

图5.3-3　宝产胡同25号（中路广亮大门）

图5.3-4　宝产胡同甲23号（东路西侧随墙门）

图5.3-5　宝产胡同甲23号（东路广亮大门）　　图5.3-6　宝产胡同甲23号（东路东侧拱券门）

"魁公"即魁璋，为裕亲王福全（顺治帝第五子）的第九代世孙，清光绪二十三年（1897年）袭封镇国公，居住在台基厂二条的裕亲王府。1901年，清政府与八国联军签订《辛丑条约》，王府被划入了使馆界内，辟为奥地利使馆。魁璋乃迁居宝产胡同（当时称宝禅寺胡同）的魁公府，后至1946年，魁璋陆续将府第部分出售，迁至旧鼓楼大街小石桥居住。1945年，何基沣将军购置魁公府西路西院房产，开始在此居住，直至1980年去世。由于财力不济，魁公府并没有按照公府的惯有形制建造，而是建造成了几路并联的四合院宅第。

该组院落1989年由西城区人民政府公布为西城区文物保护单位。

（2）院落空间演变

各时期的历史地图可以清晰展现魁公府建筑群的空间演变过程。

根据1750年的《乾隆京城全图》，我们可以看到魁公府所在范围的情况。南侧有四座大门，西侧大门外还有八字影壁。院落格局相对明晰，呈对称布局。中轴线上从南向北分别有三间大门、三间前殿、三间正殿和五间后殿，东西两侧没有配殿，仅各自有南北廊房。东西两部分之间有夹道，夹道北侧设有门。场地的西部有金水河，东部包含了正法寺（图5.3-7）。

而1956年的《北京测绘图》是在魁公府售出十年后绘制的，其建筑格局基本保持了原有特征。建筑格局分为三个部分，西部和中部均为两路四进四合院，东部为三路四进四合院。院落格局严谨，同时也富有多样性的空间和建筑变化（图5.3-8）。

《城市记忆：北京四合院普查成果与保护（第1卷）》表明魁公府西路北侧的建筑已经被拆除，改为了一家饭店，南侧院落北部的格局也发生了改

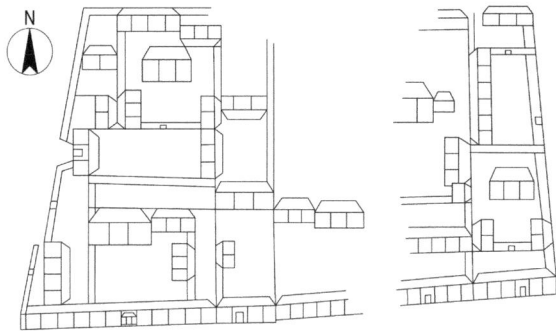

**图5.3-7 清乾隆时期魁公府平面图**

图片来源：作者根据故宫博物院藏《清内务府藏京城全图》
绘制

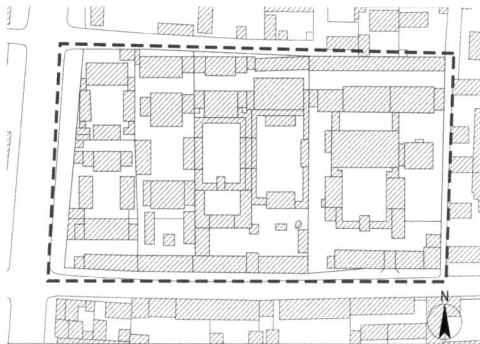

**图5.3-8 1956年魁公府平面图**

图片来源：作者根据《北京测绘图》绘制

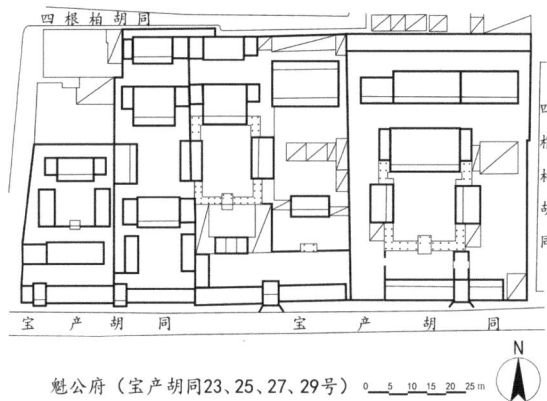

魁公府（宝产胡同23、25、27、29号）

**图5.3-9 2013年魁公府平面图**

图片来源：作者根据《城市记忆：北京四合院普查成果与保
护（第1卷）》绘制

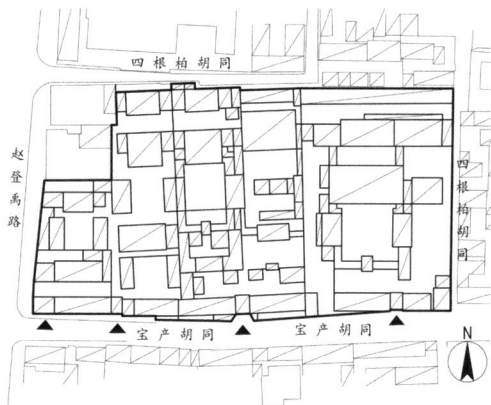

**图5.3-10 2023年魁公府现状平面图**

变。中路的建筑变成了大杂院，临建现象非常严重。魁公府在20世纪90年
代进行了全面翻建，西路也按照传统建筑进行了翻新，但整体格局基本保持
完好（图5.3-9）。

当前魁公府格局与2013年接近。东路现为部队单位宿舍，中路为北京
电影制片厂宿舍，西路为福绥境派出所（图5.3-10）。

（3）建筑特征

①院落布局

魁公府坐北朝南，自东向西共分为六路，每路各有三到四进院落，建筑
格局基本完好。西路相对比较自由，中部与东部院落较为规整。

魁公府的西部院落用作居住空间，中部院落的西路则是接待和会客区

域，而东路和整个东部院落则被设计成园林休憩空间。整体来看，院落格局呈现出西部和中部西路相对封闭的形态，而中部东路和东部则较为开放。尽管单个院内空间较小，但蜿蜒回折的抄手游廊和拱门将所有院落串联在一起，使得空间极具动态性与丰富性（图5.3-11）。

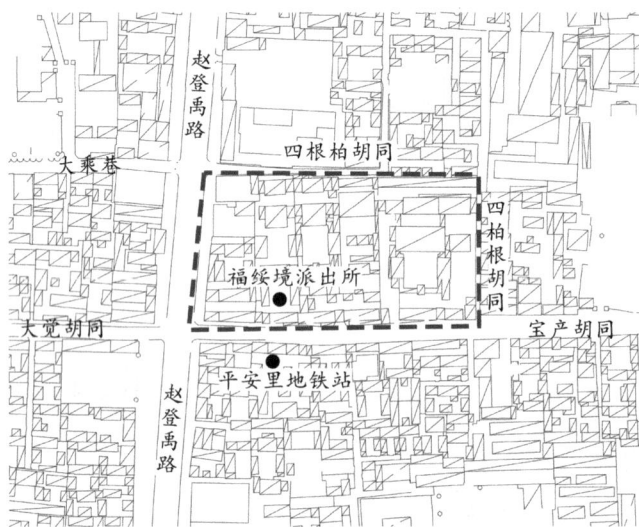

**图5.3-11　魁公府总平面图**

②门楼样式——传统门房与石雕拱门

魁公府南侧临街有六座大门，西、中、东部的中间各有一座大门，是三座主门。西路西侧有座侧门，东路西侧有座随墙门，东路东侧还有座汉白玉石雕拱券门。

西部院落主门为金柱大门，硬山顶过垄脊筒瓦屋面，戗檐砖雕为牡丹图样。门内迎面有座硬心影壁，上有"为人民服务"字样。西部院落现为福绥境派出所，无法进入拍照，内部布局尚不可知。

中部主门为广亮大门，硬山顶过垄脊合瓦屋面，戗檐砖雕为太师少师图样。上门槛上有四个六角形门簪，下门槛为石质。门两侧有八字硬心影壁，影壁同围墙相连，使倒座房不临街。门内迎面有座硬心影壁，西侧山墙挂有西城区文物保护单位牌匾。中部院落现为民居大杂院，由主门进入，一进院内有西倒座三间，机瓦屋面，西路北侧有过厅三间，硬山顶过垄脊合瓦屋面。进入二进院，北侧有垂花门一座，卷棚顶筒瓦屋面，朝天栏板。三进院内有正房及东西厢房，正房面阔三间，硬山顶过垄脊合瓦屋面，前后廊，门窗十字方格装修。东西厢房各三间，硬山顶过垄脊合瓦屋面，前

图5.3-12　魁公府中路过厅

图5.3-13　魁公府中路垂花门

图5.3-14　魁公府中路垂花门抱鼓石

图5.3-15　魁公府中路三进院东厢房

出廊，门窗十字方格装修。整个三进院有抄手游廊环绕，东侧游廊可通往东路院内（图5.3-12～图5.3-16）。

东部主门为广亮大门，硬山顶过垄脊合瓦屋面，戗檐砖雕为牡丹图样。大门整体修葺一新，上门槛有四个六角形门簪，下门槛为石质。门两侧有八字影壁，门内迎面有座硬心影壁。现大门紧闭，无法进入拍照。

东路的东南角有一座汉白玉石雕拱券门，与二层小楼的南立面紧密相连。拱脚各矗立在一整条青石上，而拱门之上还有一个灰筒瓦门楼。拱券由九块汉白玉石组成，每块内侧起角，上面雕刻着六条游龙纹、一条盘龙纹和各色云纹。游龙纹展现出活泼灵动的形态，而盘龙纹则显得庄严肃穆。图案虽有残缺斑驳，但依稀能看出精细的雕工和巧妙的构思。根据清代王府的规定，只有亲王可以使用五爪金龙纹饰。这说明清朝后期社会动荡，对相关规制的遵循也不太严格（图5.3-17）。

图5.3-16　魁公府中路三进院东侧游廊

图5.3-17　魁公府汉白玉石雕拱券门

③园林景观——垂花门与湖山亭榭

　　魁公府内共有四座垂花门。西部院落的垂花门已经被拆除，东部院落的垂花门经过翻修样式已不可考。中部院落现存有两座垂花门，都是卷棚箍头灰筒瓦屋面。其中西跨院垂花门的门槛上有四个六角形门簪，檐下有莲花垂柱，门两侧有鹤鹿同春雕纹的抱鼓石。东跨院垂花门的门槛上有两个六角形门簪，门两侧还增加了一对方形门枕石，样式相对简单。东跨院垂花门旁曾经有座假山，山上还有一个六边形亭子（图5.3-18、图5.3-19）。

图5.3-18　魁公府中路东跨院垂花门

图5.3-19　魁公府中路东跨院垂花门抱鼓石

《故宫退食录》奎赞甫宅园一节，详细描述了魁公府东部花园："进垂花门迎面为假山，如行谷中，步蹬而上，转向西下山，山石与小池驳岸石相连。过石梁桥，面对正房三间，前一卷是敞厅，厅前有白皮松一株。西厢是借西所正院东厢房后檐接造的一卷敞厅，厅前有藤萝一架；匾额'松风萝月'为同治皇后父崇绮所书。东厢山石上的爬山游廊自北至南，交待在垂花门东边。这座花园面积不大，屋宇举架亦不高，但极其精致。假山完全以湖山堆成，浑然一体，无生硬堆砌之感"。

### 5.3.2 礼多罗贝勒府

（1）建筑概况

礼多罗贝勒府在阜成门内大街与宫门口头条胡同之间，南部入口的院落是阜成门内大街243号院，北部入口的院落是宫门口头条8号院。历史上这两座院落组成了一座完整的礼多罗贝勒府，府邸是一座两跨三进格局的四合院建筑群（图5.3-20）。

清人吴长元在光绪二年刻本《宸垣识略》卷八第五页里记载："礼多罗贝勒府在阜成门大街北"。礼多罗贝勒是清太祖努尔哈赤次子爱新觉罗·代善的后人。崇德元年（1636年），代善被封为和硕兄礼亲王，是清初"八大铁帽子王"之首。在代善的后裔中，子孙人数众多，不可能都封为亲王，有

图5.3-20 礼多罗贝勒府总平面图

的就被封为郡王或贝勒。但是这位礼多罗贝勒是谁，还需要进一步考证。

清王朝灭亡以后，王府没有了俸银俸米，礼多罗贝勒府的主人也就失去了王爷身份。新中国成立以后，没收官僚资本，礼多罗贝勒府几经易主之后，归属于政务院机关事务管理局和华北军区营房部。

（2）院落空间演变

根据《乾隆京城全图》记载，礼多罗贝勒府是一座三跨三进的四合院，位于北京白塔寺以西约100m处。南北侧各有3座大门，西侧有多座侧门，中路院落轴线上由南向北分别有大门七间，前殿七间，正殿三间，后殿三间，东西带配殿。建筑规制高于清代贝勒府标准，院落布局与现在相差较大。因此，推测礼多罗贝勒府沿用某王府旧址，现存礼多罗贝勒府的建造年代晚于1750年（图5.3-21）。

现在的礼多罗贝勒府是一座两跨三进的四合院。院落长约100m，宽约70m，占地面积约8400m²。东路建筑是主体建筑，西路是附属建筑，有花园、假山（图5.3-22）。

**图5.3-21　清乾隆时期礼多罗贝勒府平面图**

图片来源：作者根据故宫博物院藏《清内务府藏京城全图》绘制

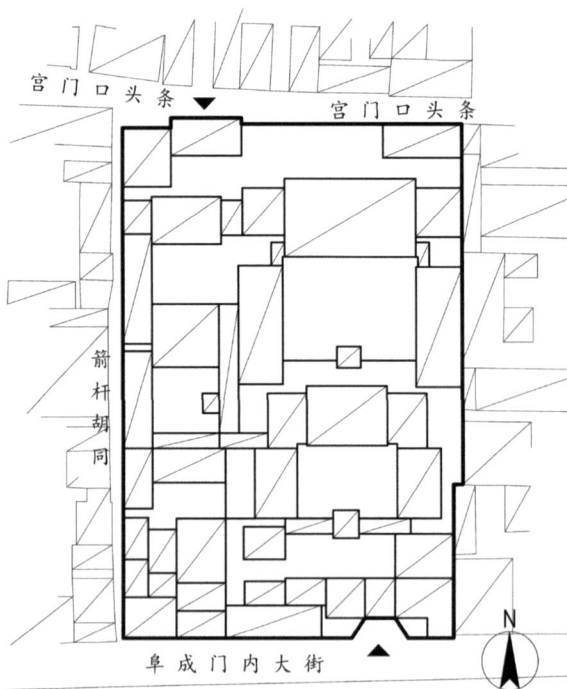

**图5.3-22　2023年礼多罗贝勒府平面图**

（3）建筑特征

礼多罗贝勒府有三进院落，府门坐北朝南，清水脊广亮大门，门两侧有八字影壁。大门上有四个门簪，门前有抱鼓石一对，雕刻有卷云、覆莲、蝙蝠等。门楼内和院子的地坪面比阜成门大街的路面低1m。院内用普通条砖铺地，雨天很容易积水。因该院尚未开放，内部情况不详，仅从门缝中能看到西路一进院的垂花门。院内种有几株枣树和香樟树，树径约一尺（约33cm），枝干茂盛（图5.3-23～图5.3-26）。东西两侧各有一个车道入口紧邻府门处，再往西是一排沿街商铺。院落的西墙外有一条小巷，称为箭杆胡同。胡同宽约1m，只能供一两个人同时通过，曾是礼多罗贝勒府的夹道（图5.3-27、图5.3-28）。

图5.3-23　礼多罗贝勒府正门

图5.3-24　礼多罗贝勒一进院垂花门

图5.3-25　礼多罗贝勒府大门抱鼓石

图5.3-26　礼多罗贝勒府金柱大门

图5.3-27 礼多罗贝勒府西侧沿街商铺

图5.3-28 礼多罗贝勒府西侧夹道

西路院落由院落北侧的宫门口头条8号进入。宫门口头条是北京最古老的胡同之一，过去这里是朝天宫所在地，宫门口指的就是朝天宫大门口。大门是二层现代小楼，门外有抱鼓石一对，东侧有车库入口（图5.3-29～图5.3-31）。进入大门后是第三进院落，院落以东是东路建筑最北部的后花园。院落以南有一座二门，穿过二门为二进院，院东院墙上有月亮门。穿过月亮门就可以看到东路建筑第三进院落的游廊，穿过游廊就进入东路建筑的主要院落。

东路三进院落空间比较大，院南居中有一座勾连搭屋顶的垂花门，上面有精美的木雕。门两侧各有一段院墙，左右对称，墙上各开有六边形、方胜纹形和五边形的窗洞。正房和东厢房都已经经过抗震翻建。西厢房保存较好，梁柱、砖墙和门窗的木雕都非常精美，也保留了前廊和与正房之间的游廊。

据传，20世纪礼多罗贝勒府曾经同时居住过两位将军。前院为黄作珍将军，即原北京军区政治部副主任、中共北京

图5.3-29 礼多罗贝勒府北入口

图5.3-30　礼多罗贝勒府北入口
　　　　　抱鼓石

图5.3-31　礼多罗贝勒府北入口西侧

市委书记。后院为中华人民共和国开国少将肖文玖。现在两位将军已经逝世，礼多罗贝勒府挂牌为"西城区第0052号保护院落"，暂未对外开放。其中西路三进院落由一位将军的家人居住。

## 5.4　新街口历史上的王府

历史上新街口曾经有很多王府建筑，但是由于各种原因，现在建筑基址已经发生了很大的变化，大多数已经拆除或仅存少量的遗迹。

### 5.4.1　恂郡王府

（1）建筑概况

恂郡王府是世袭递降郡王府，位于西直门南小街以东，东临南草厂胡同（今南草厂街），西临茅家湾（今为后半壁店），南有地藏庵，府后为西直门内大街，与崇寿庵一街相隔。门牌为西直门内大街170号、172号。府门位于今后半壁街甲8号对面（图5.4-1～图5.4-3）。

（2）院落布局

《乾隆京城全图》上绘有该府（图5.4-4）。王府府门外有八字影壁一座，西侧有古树一株。王府可分为东中西三路。西路为府中主要建筑所在，是标准的郡王规格建筑，共有正门五间，正殿五间，前出丹墀。东西配殿各五间。后寝门三间，左右各有旁门，后寝殿五间，后罩房五间，左右有拐角配

图5.4-1 后半壁街甲8号对面

图5.4-2 西直门内大街170号

图5.4-3 西直门内大街172号

房。中路花园区比较疏朗，分为若干小院，三处土丘假山堆叠，假山中间有围墙漏窗分隔。园林简洁大气，具有清代早期粗犷的园林艺术风格。东路也分为若干院子，有房七八十间，是府中库房和佣人住房等。

在1956年的《北京测绘图》中可见，该府原有的建筑与肌理均被破坏，府址范围内建有7座大体量的多层建筑，可分为东西两路（图5.4-5）。

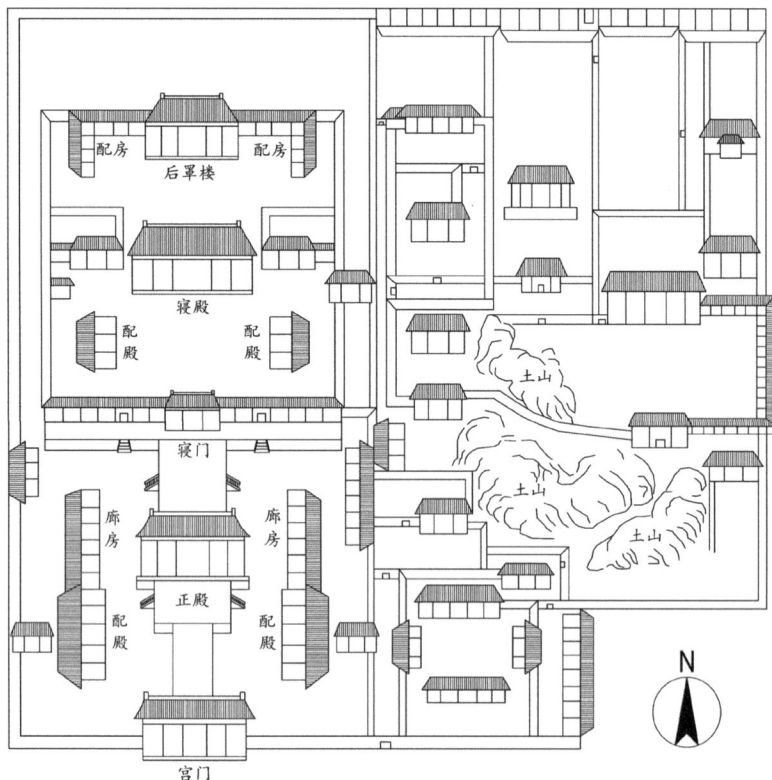

图5.4-4 清乾隆时期的恂郡王府平面图

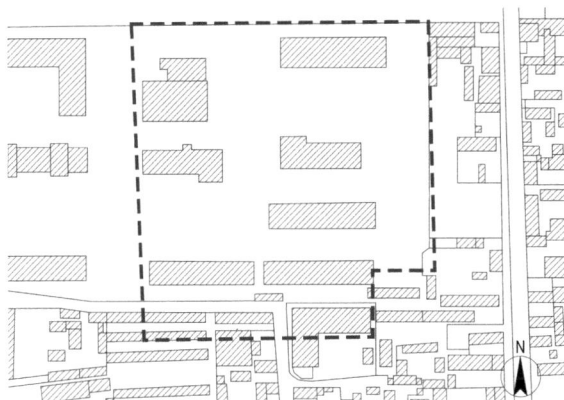

图5.4-5　1956年《北京测绘图》中的恂郡王府平面图

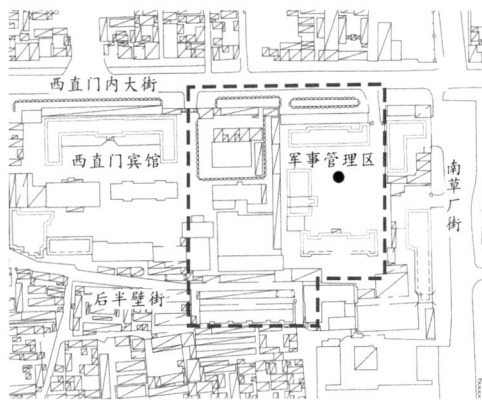

图5.4-6　恂郡王府总平面图

　　从2022年的现状图中可见，西路的3座坡屋顶建筑保持原状，但东侧的3座已经改建为南北2座平顶高层住宅建筑，府址内现为西直门宾馆东侧部分和军事管理区，两者的大门都是坐南朝北，与原王府坐落反向。西直门宾馆东侧会议楼，为仿古式攒尖顶，其南部有一些早期的砖石建筑（图5.4-6）。

　　西直门宾馆曾经是解放军总政治部招待所，现在归中国融通资产管理集团有限公司管理和经营（图5.4-7～图5.4-10）。

图5.4-7　西直门宾馆东会议楼

图5.4-8　西直门宾馆院内

图5.4-9　西直门内大街172号北侧入口

图5.4-10　西直门内大街172号北侧院内

（3）历史演变

据《啸亭杂录》《京师坊巷志稿》《天咫偶闻》等古籍记载，恂郡王府曾先后由恂郡王、寿恩公主、寿庄公主和�贝子居住过（表5.4-1）。

恂郡王府府主更替一览表　　　　　　　　表5.4-1

| 府主 | 府名 | 时间 |
|---|---|---|
| 允禵 | 恂郡王府 | 1748—1755年 |
| 寿恩公主 | 寿恩固伦公主府 | 1845—1859年 |
| 寿庄公主 | 寿庄固伦公主府 | 1863—1883年 |
| 毓橚 | 橚贝子府 | 1888—1922年 |

1748—1755年，恂郡王府作为允禵府第使用。恂郡王爱新觉罗·胤禵，又名胤祯、允禵，生于康熙二十七年，是清圣祖康熙皇帝爱新觉罗·玄烨的第十四子。康熙五十七年，允禵授抚远大将军，雍正元年被削夺兵权，革除爵位，先留遵化守陵，后因于景山寿皇殿，乾隆二十年去世。

1845—1859年，恂郡王府改赐寿恩固伦公主，名为寿恩固伦公主府。寿恩固伦公主是清宣宗道光皇帝爱新觉罗·旻宁的第六女，生于道光十年，母亲是孝静皇后博尔济吉特氏。

1863—1883年，府第改赐寿庄固伦公主，名为寿庄固伦公主府，又称九公主府。寿庄固伦公主为清宣宗道光皇帝第九女，生于道光二十二年，母亲是庄顺皇贵妃乌雅氏。

1888—1922年，府第又改赐贝子毓橚，名为橚贝子府。毓橚为清高宗乾隆皇帝爱新觉罗·弘历的十一子成哲亲王永瑆的后人。同治十一年，毓橚过继给大伯父郡王衔贝勒溥庄为嗣，承袭贝子。

橚贝子府在光绪二十六年义和团运动时，是进攻天主教西堂的基地。民国7年，贝子毓橚欠某处账目数千元，无法偿还，经法院判决，橚贝子府卖给了一位姓王的市长，盖了楼房居住。

抗日战争时期，这里作为合作社，铁路局工作人员按配给在此购买食品。日本投降后，府址成为军队行营。伪满洲国总理大臣郑孝胥去世后，在府址西部建有绿琉璃瓦覆顶的郑孝胥祠堂。

今原建筑已拆除建楼，但建筑位置仍然依照《乾隆京城全图》中的轴线布局。王府所在地东部现在为军区驻地，西侧的西直门宾馆也占据了王府的部分范围。

## 5.4.2 端郡王府（果亲王府）

（1）建筑概况

端郡王府位于西城区平安里西大街路北，是世袭递降亲王府，横跨平安里西大街43号和47号，现包含中国儿童中心东部与中纪委所在地（图5.4-11～图5.4-16）。

（2）院落布局

《乾隆京城全图》上绘有该府：西与慎郡王府相邻，北为前广平库和西直门草厂胡同之南口，东为南北夹道（后为端王府夹道、育幼胡同），南临平安里西大街（图5.4-17）。

图5.4-11　中国儿童中心南门

图5.4-12　中纪委大门入口

图5.4-13　中国儿童中心内部1

图5.4-14　中国儿童中心内部2

图 5.4-15　中纪委办公楼

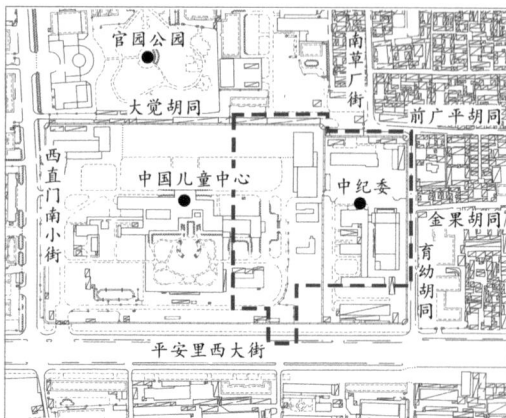

图 5.4-16　果亲王府总平面图

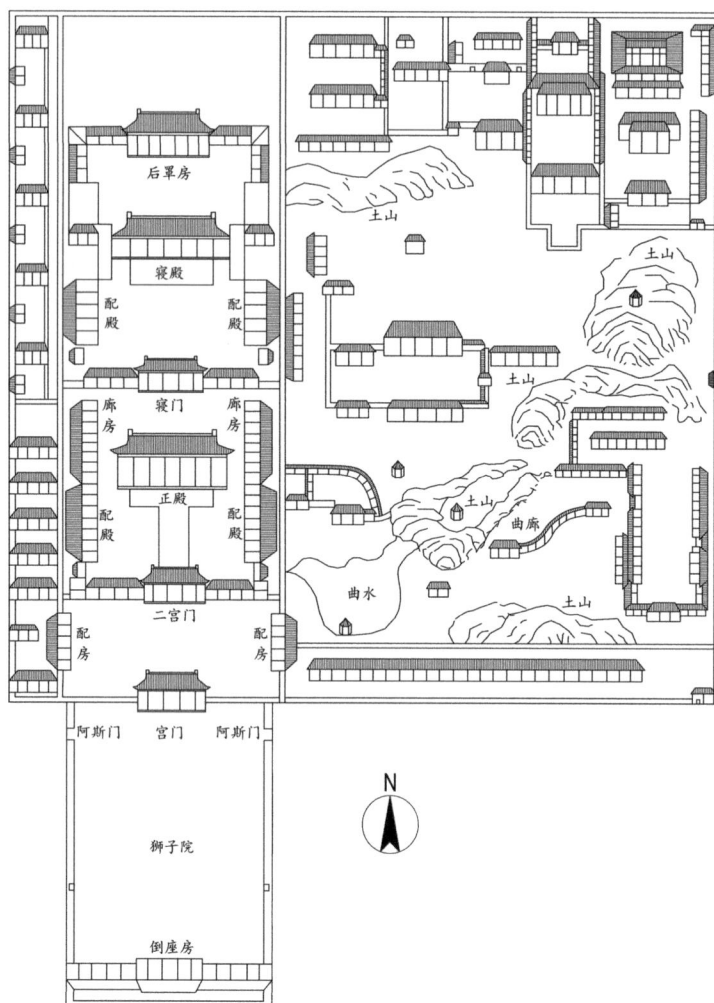

图 5.4-17　清乾隆时期的果亲王府平面图

果亲王府大致分为东西两部分。西部是主要建筑的所在，由南至北依次为面阔五间的正门，面阔七间的大殿，前出丹墀，面阔各七间的东西配殿，面阔五间的后寝门，面阔七间的后寝殿，面阔七间的后罩房。东部是果亲王府花园，花园北侧是三四组小院，南侧是曲折回环的游廊、亭台水榭、土山池沼。殿堂区以西是一个狭长的西跨院，与慎郡王府的东跨院历史上应是一体。果亲王府的外官门南侧有一条宽阔的广场，广场东西两侧有阿斯门，外官门对面为一排倒座房。

（3）历史演变

该府前身即是清圣祖第十七子允礼的果亲王府，后改为嘉庆帝第四子绵忻的瑞亲王府，1894年成为道光皇帝第五子惇亲王奕誴之次子载漪的端郡王府，历经果亲王胤礼、瑞亲王绵忻（叫"瑞亲王府"）和端郡王载漪（表5.4-2）。

果亲王府府主更替一览表　　　　　　　　　　表5.4-2

| 府主 | 府名 | 时间 |
|---|---|---|
| 允礼 | 果亲王府 | 1728—1819年 |
| 绵忻 | 瑞亲王府 | 1819—1894年 |
| 载漪 | 端郡王府 | 1894—1900年 |

清圣祖第十七子允礼于雍正元年（1723年）被封为果郡王，雍正六年（1728年）晋封果亲王，其府邸即端郡王府的前身果亲王府。始王胤礼后因夺民产和倒卖人参于1763年降为贝勒，1765年临终前恢复郡王，后世因事降为贝子。

果亲王后世绵祠迁居至孟端胡同的卓公府，果亲王府改为清仁宗嘉庆帝第四子瑞亲王绵忻的府邸，即瑞亲王府。绵忻于嘉庆二十四年（1819年）受封为第一代瑞亲王。道光八年（1828年）绵忻卒，谥号为怀。就在这一年，绵忻之子奕约刚满周岁，就继袭瑞郡王，改名奕誌。

咸丰十年（1860年），咸丰帝以道光皇帝第五子惇亲王奕誴之次子载漪过继给奕誌为嗣子，袭封为贝勒，光绪十四年（1888年）加郡王爵，光绪二十年（1894年）晋升为端郡王。瑞亲王府之所以又称端郡王府，据《清史稿》中的记载，是因为瑞亲王载漪晋封为郡王时，由于笔误，将"瑞"写成"端"，皇帝的御赐可是不能纠正的，于是将错就错，便有了"端郡王府"的称谓。

光绪二十六年（1900年），载漪力主利用义和团抵抗洋人，以总理各国事务大臣而兼任义和团统帅，端王府也成了义和团的总坛口。八国联军占领北京后，将端王府焚毁。袭王载洵迁居至单北东槐里胡同路北，时称洵贝勒府。

民国时期，在端郡王府旧址上建北京工业大学。1926年3月18日，该校学生江禹烈、刘葆彝、陈燮参加抗议日本帝国主义军舰入侵大沽口及八国使团的无理通牒而牺牲。为纪念牺牲的烈士，在原端郡王府内东北角的土山上建有高2.85m、呈三角柱形"三一八惨案烈士纪念碑"一座。20世纪70年代，此碑迁圆明园内"三一八"烈士公墓。现端郡王府为中国少年儿童活动中心和中央纪律检查委员会。

### 5.4.3 质亲王府（慎郡王府）

（1）建筑概况

慎郡王府位于西城区平安里西大街43号、西直门南小街98号，中国少年儿童活动中心的中心位置，先后经历诚亲王府、慎郡王府和质亲王府。诚亲王府时，始主为康熙三子允祉。允祉之后，将府赐予二十一子允禧，封其为慎郡王，故旧府成为慎郡王府。后永瑢过继给慎郡王位子，晋升为质郡王，后升为质亲王。慎郡王府更名为质亲王府（图5.4-18、图5.4-19）。

（2）院落布局

在《乾隆京城全图》上，该府标注为慎郡王府，府东临果亲王府（后改为瑞亲王、端郡王府），西为护国禅林、慈佑寺，北为前广平库胡同，南为

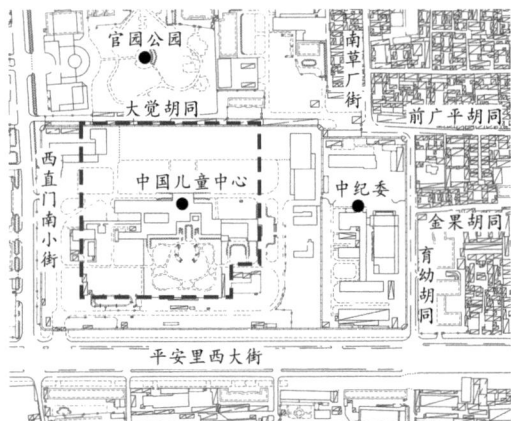

图5.4-18　慎郡王府总平面图

图5.4-19　中国儿童中心西南门

平安里西大街，共有房679间（图5.4-20）。东路主要建筑有：面阔七间的大殿，带有丹墀，面阔各五间的东、西配殿和配楼，面阔七间的后寝，带面阔三间的抱厦。

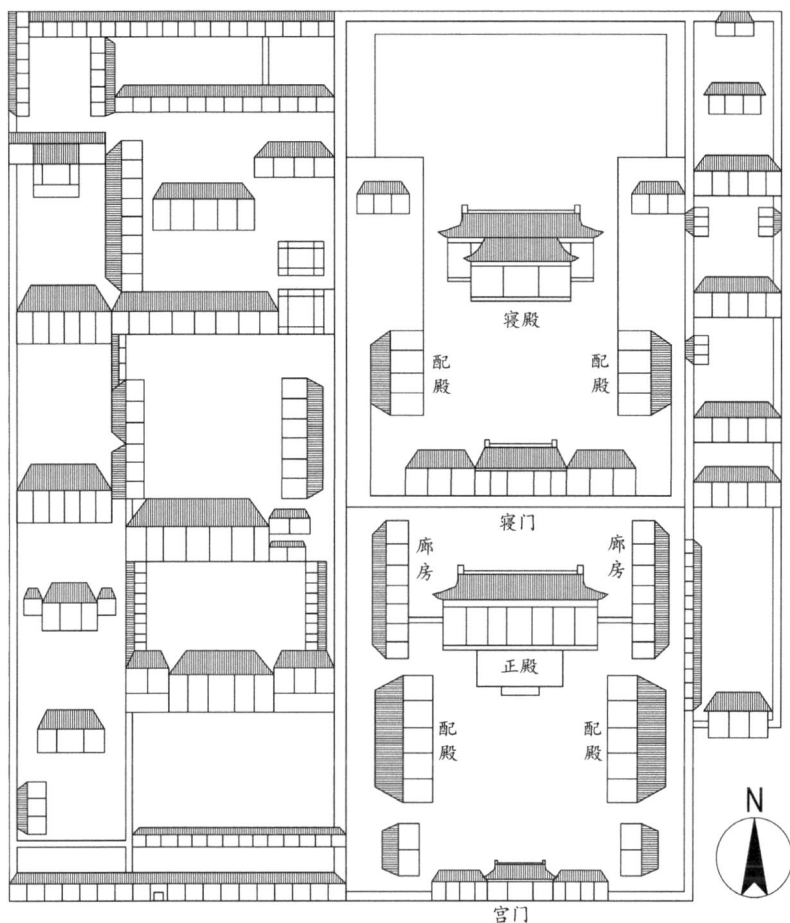

图 5.4-20　清乾隆时期的慎郡王府平面图

（3）历史演变

随着历代府主的先后更替，该处建筑先后经历了诚亲王府旧府、慎郡王府、质亲王府等各个主要的历史时期（表5.4-3）。

慎郡王府府主更替一览表　　　　　　　　　　　表 5.4-3

| 府主 | 府名 | 时间 |
|------|------|------|
| 允祉 | 诚亲王府旧府 | 1708—1730年 |
| 允禧 | 慎郡王府 | 1732—1758年 |
| 永瑢 | 质亲王府 | 1789—1900年 |

诚亲王府旧府的始封王是康熙皇帝第三子允祉。康熙皇帝曾非常器重允祉，不仅带他征讨噶尔丹叛乱，还数次亲临其王府。

雍正十年（1732年）允祉薨逝后，雍正皇帝将诚亲王府赐予康熙帝第二十一子允禧。雍正十三年（1735年）乾隆帝弘历即位后，晋封允禧为慎郡王，诚亲王旧府就成为慎郡王府（图5.4-24）。

因允禧无子，雍正十三年（1735年）乾隆帝弘历第六子永瑢过继给允禧为嗣子，乾隆二十四年（1759年）永瑢奉旨袭贝勒。其间慎郡王府有过大规模修缮，而慎郡王府也更名为质亲王府。

光绪二十六年（1900年），八国联军侵入北京后，在破坏端郡王府时，殃及西邻的质亲王府（慎郡王府）一同被焚毁。

民国时期，该府址先后被改作艺徒学校、师范学堂、北平师范学校、北京幼儿师范学校，1953年辟为官园体育场，1971年为机关使用，1982年8月，在该府和端郡王府旧址上建成中国儿童少年活动中心（图5.4-21～图5.4-24）。

图5.4-21　中国儿童中心内部1

图5.4-22　中国儿童中心内部2

图5.4-23　中国儿童中心内部3

图5.4-24　中国儿童中心内部4

## 5.4.4 其他王府建筑

### (1)谦郡王府

谦郡王府位于西四北八条9号、11号，该府是世袭递降郡王府。据《宸垣识略》卷八载："谦郡王府在五王侯胡同"，曾为燕京造纸厂旧址，现为北京市正泽学校。明时，西四北八条称武安侯胡同，因武安侯郑亨的府邸建在这里而得名，清代后被讹传为五王侯胡同（图5.4-25、图5.4-26）。

谦郡王始王瓦克达，是清太祖努尔哈赤之孙，礼烈亲王代善第四子。谦郡王府地址今不确定，大致在燕京造纸厂附近。谦郡王于顺治五年晋封郡王，顺治九年薨逝，其后裔袭爵递降。谦郡王后裔袭爵历十代，第十代是爱新觉罗·恩荣，光绪十年（公元1884年）降袭奉恩将军，另一说是奉国将军。

燕京造纸厂曾为张学良投资创办，在当时规模最大。燕京造纸厂创建于民国23年（1934年），是北京造纸业中颇有影响力的老字号。燕京造纸厂旧址位于西四北八条北侧，占满西四北八条与前车胡同之间的区域，院落占地面积约1hm²，包括院落东南侧紧邻胡同的四层楼房（约3000m²）、院落西侧及西南侧的二层车间及楼房、院落东侧及北侧的若干单层厂房等。

新中国成立之后，燕京造纸厂被北京市接收，成为北京市第一批国有企业之一，改称北京造纸七厂，于1998年搬迁至通州。遗留厂房建筑中靠近胡同的楼房被改造为办公楼、招待所等使用，院内多数平房建筑现处于空置状态。

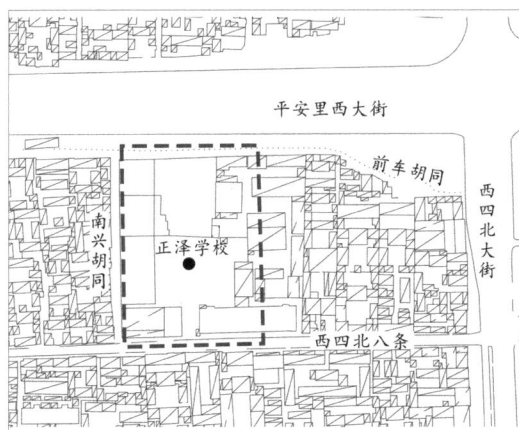

**图5.4-25 谦郡王府总平面图**

**图5.4-26 清乾隆时期的谦郡王府平面图**

图 5.4-27 北京市正泽学校

2017年，谦郡王府旧址由社区中心改建为北京市正泽学校，是一所政府支持、企业运作的九年一贯制学校（图5.4-27）。

（2）奈曼亲王府

奈曼亲王府位于西城区太安侯胡同12号（今西四北七条27号）。此府为蒙古族王府。西四北七条，明代称泰宁侯胡同，建有明北京营建总指挥陈珪的府邸，清代改称泰安侯胡同。清朝定都北京后，将北京内城划为八旗官兵驻防营地。汉民不论官兵一律驱至外城。陈珪留下的泰宁侯府，也被八旗新贵抢占，仅存泰安侯胡同的名称（图5.4-28、图5.4-29）。

光绪三十一年（1905年），苏珠克图巴图尔袭为郡王，简称苏王，后晋亲王，常住北京，1926年卒。1948年，苏王的五弟苏达那木达尔济到北平，并将昭乌达盟流亡政府和奈曼旗流亡政府设于该府，后被取缔。

如今，该处基址为大杂院，归属于福绥境房管所。福绥境房管所由祖家街迁到泰安侯胡同的奈曼亲王府后，对院内建筑物进行拆改和建设，现存清水脊合瓦如意门与筒瓦覆顶的三间正房是奈曼亲王府的旧物（图5.4-30～图5.4-33）。

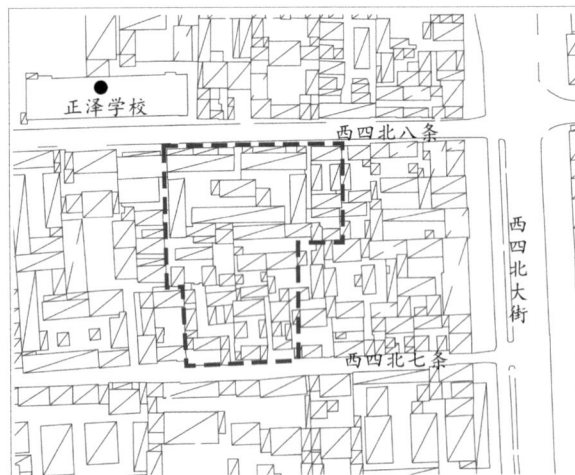

图 5.4-28 奈曼亲王府总平面图

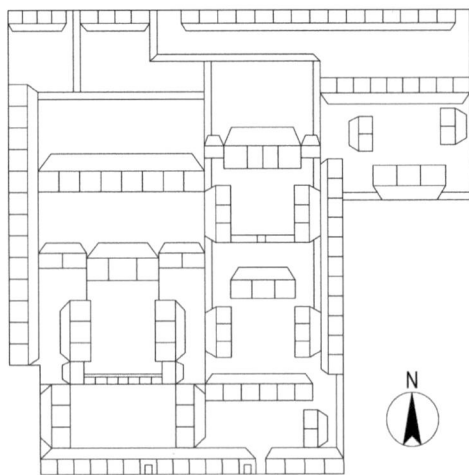

图 5.4-29 清乾隆时期的奈曼郡王府平面图

图5.4-30　奈曼亲王府正门

图5.4-31　奈曼亲王府东入口

图5.4-32　奈曼亲王府正门门枕石

图5.4-33　奈曼亲王府院内

　　奈曼，是清代内扎萨克蒙古24部与49旗之一。内蒙古草原上的奈曼王府坐落在奈曼旗大沁他拉镇，建于清同治二年（公元1863年），是清代奈曼最高的统治机构所在地。它是内蒙古现存最完整的一座清代王府，在清代内蒙古49旗蒙古王公府第中首屈一指，闻名国内外（图5.4-34、图5.4-35）。

　　（3）辅国公九如宅

　　辅国公九如宅位于西四北五条甲1号，现为西城区教育研修学院。在《乾隆京城全图》上的石老娘胡同（今西四北五条）中标有"辅国公九如宅"，但遍查史籍，几乎找不到相关人物的资料（图5.4-36）。

　　辅国公九如宅在《乾隆京城全图》第五排第九列。南起石老娘胡同，北至魏儿胡同，东侧有一个观音庙。

图5.4-34　内蒙古奈曼王府入口大门

图片来源：侯国建

图5.4-35　内蒙古奈曼王府寝宫院垂花门

图片来源：侯国建

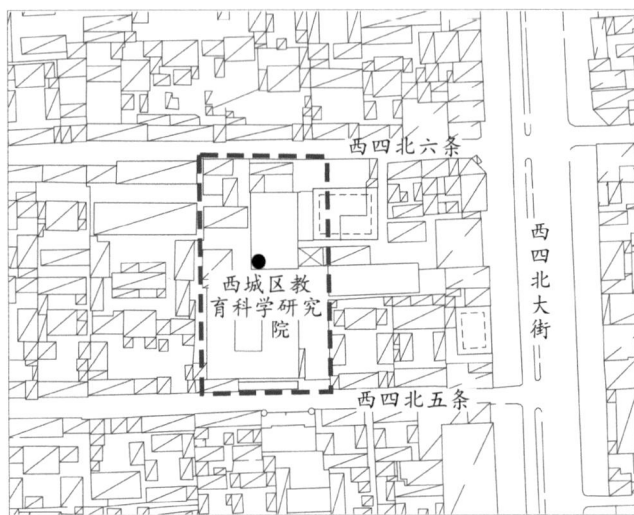

图5.4-36　辅国公九如宅总平面图

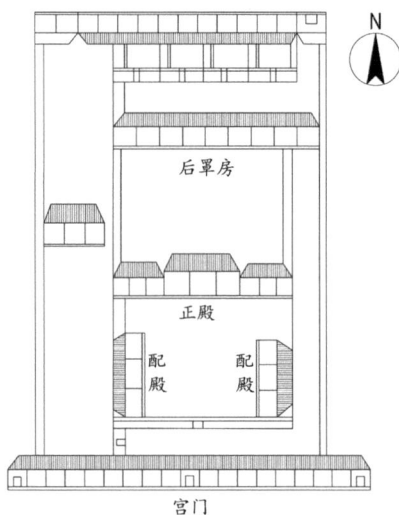

图5.4-37　清乾隆时期的辅国公九如宅
平面图

　　九如宅坐北朝南，是一个四进院落的宅子，整体为四合院建筑，分东西两路。东路为主体建筑，宅子的大门较特殊，在排房中间开启一门。院内开二门，进门后二进院有正殿三间，东西耳房各三间，院内有东西配殿各三间。三进院有后罩房九间，四进院用围墙隔成四座相同的方形小院落，北侧排房临街。西路为附属用房，仅有三开间建筑一座（图5.4-37）。

　　如今，辅国公九如宅为西城区教育科学研究院。南入口为西四北五条甲1号，挂牌北京市西城区教育科学研究院，院内有3层教学楼。北入口为西四北六条甲4号，院内为停车场（图5.4-38）。

图 5.4-38　西城区教育科学研究院教学楼

图 5.4-39　惠郡王府总平面图

（4）惠郡王府

惠郡王府是世袭递降郡王府，位于西城区西直门内大街路北，广济寺之西，今已无迹可寻（图5.4-39）。

惠郡王府位于西直门大街东口路北处。惠郡王府坐北朝南，宫门外即是西直门内大街。府墙东侧为新街口头条、二条、三条。头条西头是死胡同，二条有随墙便门，三条也有惠郡王府的房产。府墙后边是小三条，小三条附近有个时刻亮胡同。府墙西侧是新开路、崇元观。

惠郡王府在《乾隆京城全图》上标注为"贝勒球琳宅"，惠郡王府有面阔三间的正门和面阔三间的大殿，东、西配殿面阔各三间，后殿面阔五间，后寝殿面阔五间，东西耳房各一间（图5.4-40）。

惠郡王博翁果诺为清太宗皇太极之孙，康熙四年正月封惠郡王。因其长兄博果铎袭亲王后改号为庄亲王，

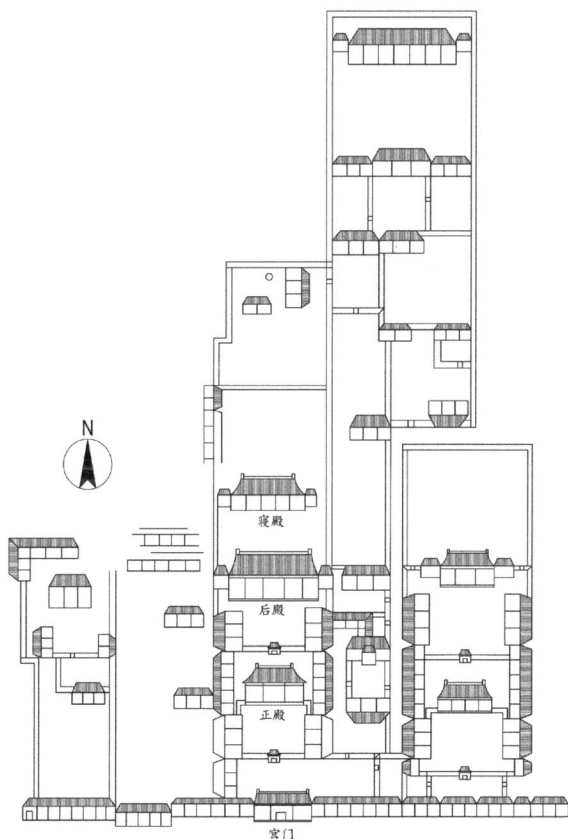

图 5.4-40　清乾隆时期的贝勒球琳府平面图

图5.4-41　西都公司

以其排行第二而有二王府之称，时人称作"新街口二王府"。贝勒球琳为博翁果诺第五子福苍长子。雍正元年二月世宗既以允禄（即康熙帝第十六子）袭庄亲王，封博翁果诺孙球琳为贝勒。球琳于雍正六年正月晋封惠郡王。

如今，惠郡王府宫门的位置在新街口青少年足球训练基地的东侧，西都公司（图5.4-41）、志成小学及西城区税务局第二税务所所在地，东侧有新街口城市森林公园。

## 5.5 新街口王府建筑文化保护与发展

### 5.5.1 王府建筑文化的价值

北京王府作为一种集礼仪、居住、办公于一体的多功能建筑，具有丰富的文化内涵。它不仅是历史悠久的传统建筑，也是北京城市变迁和民族历史发展的见证。作为传统文化思想和建筑艺术的物质体现，王府具有以下几个方面的文化价值。

（1）百年兴衰的历史见证

新街口王府建筑历经了皇太极至民国初年，见证了清朝由盛至衰的历史。它承载了丰富的文化信息，是了解清朝王府建筑和研究清朝礼制的重要依据。

（2）严谨尊贵的宫廷特色

新街口王府建筑按照清代规定的府制建造，建筑严谨规整，中轴尊贵，空间序列主次分明。特别是最具等级色彩的主路建筑，以严谨的排布方式展示了传统礼制思想在建筑形制上的体现。同时，在堂皇华丽的外观下，王府建筑也受到民居营造风格的影响，成为宫廷与民居建筑谱系中重要的组成。

（3）复合包容的民族文化

王府建筑体现了我国传统的儒道文化思想，讲究礼乐秩序、刚柔相济。同时，它也融合了满汉民俗与居住文化，既突出了汉族建筑文化中的居住礼仪，又保留了较多的满族传统民俗文化元素。这种复杂包容的文化内涵使得王府具有独特的魅力。

因此，在加强对王府建筑保护的同时，还应进一步挖掘和研究其丰富的文化价值，以实现对传统物质文化遗产的再利用。只有充分理解和传承王府的文化内涵，才能更好地弘扬传统文化，推动文化的发展和传播。

## 5.5.2 王府文化的保护

北京王府现在文化管理和保护模式是：一个景点配套一个管理单位。这种行政管理模式最大的问题是不利于大面积推广。只有重点且开放的王府如恭王府、醇亲王府才能实施，不能普及，导致大多王府建筑放任自流，废弃荒芜。北京王府众多，除去遗迹全无的外，仍有大量王府需要保护。为了解决北京王府面临的行政管理碎片化问题，可以考虑以下措施。

（1）建立系统完备的王府保护名录

组织相关专家对北京王府进行全面的实地调研，评估其保护等级和迫切性。根据评估结果，建立一个完整的保护名录，将王府按重要性和保护需求分类管理。次重要王府可以归入一个部门进行统一管理，而有日常使用性质的王府则采取使用单位日常管理、管理部门监督管理的方式。

（2）制定综合性的保护方案

针对每个王府建筑，制定综合性的保护方案，包括修缮、防护、保养等措施。统一管理机构应组织专家进行评估和规划，确保保护工作的科学性和有效性。同时，在每个王府的原址处设立介绍告知性牌匾，用文字、图画、图片等多种方式介绍该王府的历史沿革和文化内涵。同时，组织丰富多样的北京传统文化展示和宣传活动，定期为学生提供参观、讲解和文化讲座，增强对北京王府文化价值的认知和重视。

（3）促进北京王府的活性市场化运作

在文物保护的前提下，采取多样灵活的商业手段，增加北京王府的商业收益。可以与国内外文化公司、博物馆、私人艺术家合作举办艺术展览，出租闲置场地，承办高品位的商务会议等活动，展示北京王府的历史文化特色。与相关机构、学术界、企业等建立紧密的合作关系，实现资源共享和优势互补。通过合作与共享，可以获得更多专业技术支持、资金支持和管理经验，提高王府文化保护工作的效果和可持续性。

通过以上措施的实施，可以解决北京王府面临的行政管理碎片化问题，实现对王府建筑的全面系统保护。同时，也能够促进北京王府文化的传承和推广，提升其在国内外的知名度和影响力，进一步推动北京传统文化的发展和传播。

新街口名人故居建筑

## 6.1 新街口历史名人及其活动

名人故居，即那些历史上的知名人物曾经出生或居住过的建筑物。它们不仅记录了名人的成长和生活，也承载了一个时代的宝贵记忆，是城市独特文化基因的象征，展现了城市的独特人文魅力。北京作为一座历史悠久、文化底蕴深厚的城市，拥有众多名人故居。元代以来，北京一直是全国的政治和文化中心，也是名人汇聚之地。这些建筑星罗棋布，就像珍珠洒落在北京城的街巷胡同之间，熠熠生辉。

然而多年来，北京名人故居的保护利用却不尽如人意，一座座房舍、院落在城市改造和建设的轰鸣声中消失，引发各界人士的扼腕长叹和连连呼吁。据研究，北京超过八成的名人故居没有开放，许多故居门前没有显著标志，有的甚至连周围居民都不知道。未开放的名人故居现在多数是大杂院，没有开放条件，有不少房子已是年久失修，也有少数被单位占用，或仍由其后人居住。

作为北京历史文化名城重要组成部分，名人故居近十年的保护工作有所加强，有些名人故居的修缮已经纳入文物部门的视野，居民已经搬迁，修缮方案也正在制定；有些列入了区文物保护规划；还有些故居易地重建后对外开放，但能开放的名人故居毕竟是少数，总体看来仍显得比较薄弱，如果不对现在幸存的名人故居开展有效保护，北京历史文化名城的风貌将大打折扣。

北京的名人故居，主要集中在东城、西城两个城区。新街口位于西城区中北部，是首都核心功能区的重要组成部分，其独特的历史和文化底蕴造就了这里众多的名人故居。据不完全统计，该地区名人故居多达30余处，其中鲁迅旧居是全国重点文物保护单位，程砚秋故居、西四北三条11号四合院、前公用胡同15号四合院等7处为北京市市级文物保护单位，区级文物保护单位有魁公府、翠花街5号四合院等9处。使用这些建筑的名人涉及文学、新闻出版、戏剧、影视、音乐、书法绘画、文物鉴定收藏、曲艺及民间文化艺术、政治、科学等各个领域。他们在新街口的生活和工作经历，不仅丰富了街区的文化内涵，也为后人提供了宝贵的历史信息。这些建筑是一处处富有教育意义的历史学习场所，吸引着各地的游客前来瞻仰，感受名人的风采和精神力量（图6.1-1，表6.1-1、表6.1-2）。

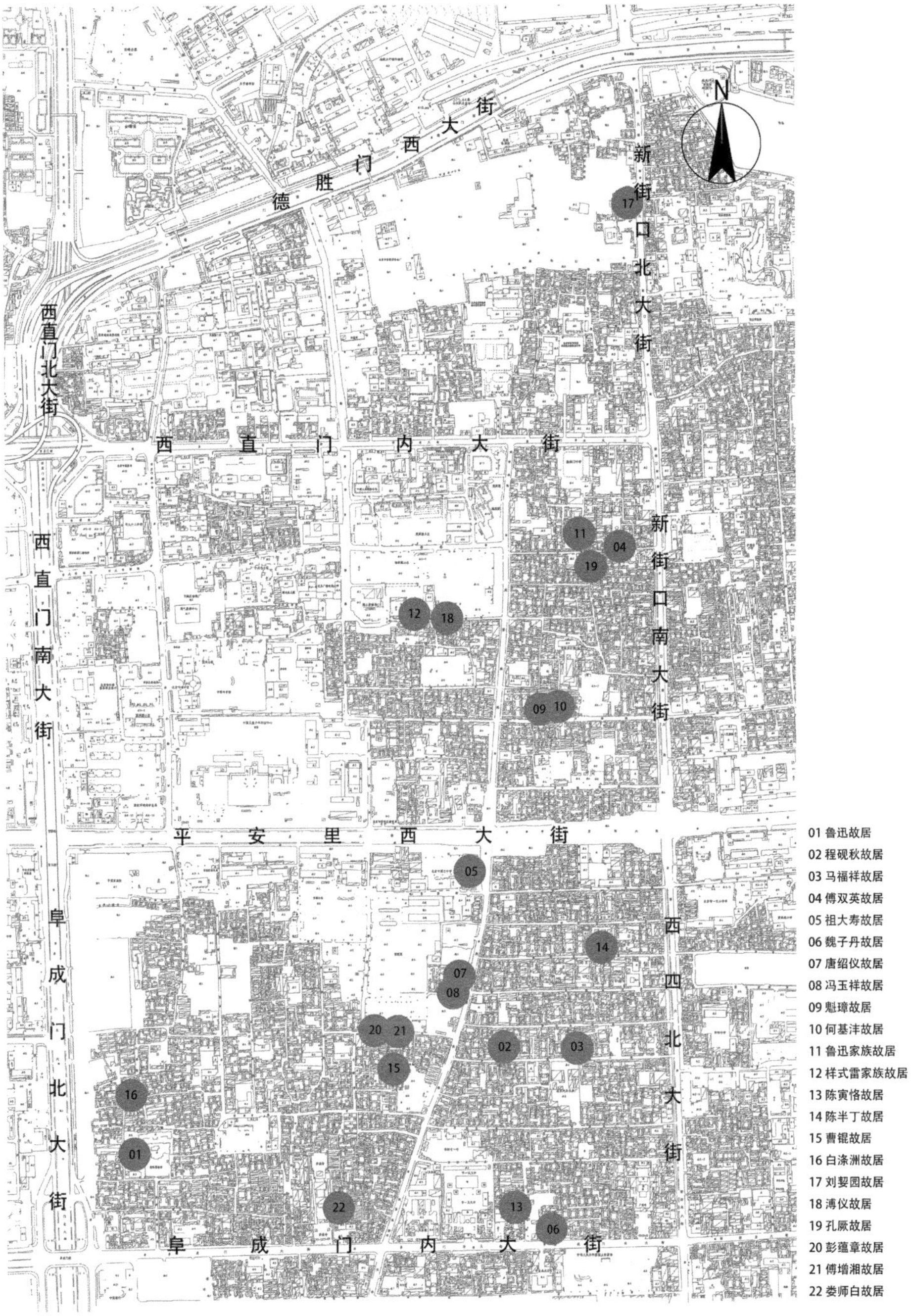
德胜门西大街
新街口北大街
西直门北大街
西直门内大街
新街口南大街
西直门南大街
平安里西大街
西四北大街
阜成门北大街
阜成门内大街
01 鲁迅故居
02 程砚秋故居
03 马福祥故居
04 傅双英故居
05 祖大寿故居
06 魏子丹故居
07 唐绍仪故居
08 冯玉祥故居
09 魁璋故居
10 何基沣故居
11 鲁迅家族故居
12 样式雷家族故居
13 陈寅恪故居
14 陈半丁故居
15 曹锟故居
16 白涤洲故居
17 刘娶园故居
18 溥仪故居
19 孔厥故居
20 彭蕴章故居
21 傅增湘故居
22 娄师白故居

图6.1-1　新街口名人故居分布图

新街口名人故居概览表（不完全统计）              表6.1-1

| 编号 | 相关名人 | 地址 | 文保级别 | 公布年份 | 名人类型 | 保护状况 | 使用方式 | 备注 |
|---|---|---|---|---|---|---|---|---|
| 1 | 鲁迅 | 阜成门内大街宫门口二条19号 | 国家级 | 2006 | 文化 | 较好 | 纪念馆、博物馆 | 开放单位 |
| 2 | 程砚秋 | 西四北三条39号 | 市级 | 1984 | 艺术 | 较好 | 独户住宅 | 后人居住拒绝挂牌 |
| 3 | 马福祥 | 西四北三条11号 | 市级 | 1984 | 艺术、政治 | 较好 | 教育用房 | 西四北幼儿园 |
| 4 | 傅双英 | 前公用胡同15号 | 市级 | 1984 | 政治 | 私搭乱建 | 教育用房 | 现西城少年宫办公教学用地 |
| 5 | 祖大寿 | 富国街3号 | 市级 | 1995 | 军事 | 改建 | 教育用房 | |
| 6 | 魏子丹 | 阜成门内大街93号 | 市级 | 2003 | 经济 | 较好 | 单位办公 | 北京市第三中学 |
| 7 | 唐绍仪 | 翠华街5号 | 区级 | 1989 | 政治 | 私搭乱建 | 单位宿舍 | — |
| 8 | 冯玉祥 | 翠华街7号 | 区级 | 1989 | 政治 | 私搭乱建 | 单位宿舍 | — |
| 9 | 魁璋 | 宝产胡同23号、25号、27号 | 区级 | 1989 | 政治 | 较好 | 单位宿舍 | |
| 10 | 何基沣 | 宝产胡同29号 | 区级 | 1989 | 政治 | 较好 | 单位宿舍 | |
| 11 | 鲁迅家族 | 八道湾胡同11号 | — | — | 文化 | 拆除 | — | |
| 12 | 样式雷家族 | 东冠英胡同9号 | — | — | 文化 | 拆除 | — | |
| 13 | 陈寅恪 | 姚家胡同3号 | — | — | 文化 | 私搭乱建 | 杂院 | 迁建 |
| 14 | 陈半丁 | 西四北六条21号 | — | — | 艺术 | 改建 | 独户住宅 | — |
| 15 | 曹锟 | 小茶叶胡同33号 | — | — | 政治 | 较好 | 单位宿舍 | 后人出售 |
| 16 | 白涤洲 | 青塔胡同17号 | — | — | 文化 | 改建 | 杂院 | 北京市文化局所有 |
| 17 | 刘契园 | 新街口北大街53号 | — | — | 艺术 | 拆除 | — | 拆除后建徐悲鸿纪念馆 |
| 18 | 溥仪 | 东冠英胡同40号 | — | — | 文化 | 拆除 | — | |
| 19 | 孔厥 | 新街口北帽胡同2号 | — | — | 文化 | 拆除 | — | |
| 20 | 彭蕴章 | 西四北五条13号 | 区级 | — | 文化 | 私搭乱建 | 杂院 | 如今为95号 |
| 21 | 傅增湘 | 西四北五条13号 | 区级 | — | 文化 | 私搭乱建 | 杂院 | 如今为95号 |
| 22 | 娄师白 | 白塔寺东夹道30号 | — | — | 文化 | 拆除 | — | |

**在新街口活动的历史文化名人表（不完全统计）** 表6.1-2

| 类别 | 文化名人 |
|---|---|
| 文学界 | 老舍、张恨水、孔厥、孙景瑞、王蒙、杨沫、鲁迅、周作人、从维熙、徐城北、邓云乡、陈三立、顾工、顾城、岳重、傅惟慈等 |
| 新闻出版界 | 徐盈、彭子冈等 |
| 戏剧界 | 程砚秋、王琴生、李兰亭、贯大元、尹培玺、翁偶虹、于魁智、迟小秋、张火丁、赵燕侠、厉彦芝、吴幻荪、樊棣生、德珺如、赵丽蓉、陈其通等 |
| 影视界 | 迟重瑞、赵尔康、王连仲、萧云鹏、汪洋、李准、管宗祥、管虎、高洪涛、岳野、莽一苹、何平、崔嵬、于蓝、谢添、奚美娟、关凌、章子怡、吴月华等 |
| 音乐界 | 老志诚、小柯、杨洪基、蔡国庆、时乐蒙等 |
| 书法绘画界 | 于非间、娄师白、胡絜青、王森然、方砚、卢沉、胡蛮、辛莽、陈丰丁、启功、杨萱庭、李铎、刘淑度等 |
| 文物鉴定收藏界 | 赵肪、傅增湘等 |
| 著名学者 | 王骨御、陈寅格、吕叔湘、白深洲、冯亦代、陈垣、张雪门、中裕之、关报生等 |
| 曲艺及民间文化界 | 刘景春、马季、王杰奎、品正三、荣剑尘、白大成、尹培恕、郎绍安等 |

## 6.2 新街口红色文化

### 6.2.1 新街口红色文化资源概况

新街口是北京的重要地段，同样经历了近代一系列重大历史事件，留下了丰富的红色革命遗产，既包括有形的革命遗址、遗物，也留下了许多革命故事和英雄事迹。新街口发生了许多红色事件，留下了红色遗迹，如"一二·九"抗日救亡运动就和新街口紧密联系在了一起。

"一二·九运动"发生在1935年12月9日，当时正值中国抗日战争全面爆发的前夜。这场运动的发起者中包括了许多革命热血的学生和知识分子，他们深受共产党的思想影响，坚信只有通过团结和斗争，中国才能摆脱日本侵略者的压迫。在这一抗日救亡运动中，新街口的学生们积极参与，他们举起了抗日的旗帜，要求政府采取更加坚决的对日抵抗措施。他们组织示威游行，宣传抗日的思想，鼓舞了广大民众的抗战士气。这个运动在全国范围内产生了巨大的影响，激励了更多的人加入抗日战争。

"一二·九"抗日救亡运动的成功标志着中国抗日民主运动进入了新的阶

**图6.2-1　平津学生南下宣传路线略图**

段。这个运动的影响不仅仅局限于新街口地区，它激发了全国各地的抗日热情，推动了抗日民主力量的壮大。同时，它也引起了国际社会的关注，为中国争取了更多的外部支持。这一时期，中国共产党在民众中的声望不断上升，成为抗日斗争的坚强领导力量。

在新街口，"一二·九"抗日救亡运动的遗迹至今仍然可见。北京大学校园内的纪念馆，以及附近的抗战遗址，都成为人们缅怀历史、学习红色精神的场所。这些红色遗迹提醒着我们，中国共产党和中国人民为了民族的独立和解放，曾经付出了巨大的牺牲和努力，坚韧不拔、团结奋斗的精神是中国人民战胜一切困难的关键，也激励着我们要继续传承和发扬红色精神，为中华民族的伟大复兴而持续奋斗（图6.2-1～图6.2-3）。

**图6.2-2　陆璀在西直门外手持话筒
向群众宣传抗日救国**

**图6.2-3　陆璀在"一二·九"运动当天的照片**

如今，新街口的红色文化弘扬有两种主要的方式：红色旅游和爱国主义教育。红色旅游是红色文化传播路径新的衍生传播活动，最直观的特点就是实地沉浸式的体验。游客可以直接接触红色建筑、红色文物，重温革命情怀，最真实地感受厚重的北京红色文化。

爱国主义教育是有组织地传播北京红色文化的重要路径。截至2022年底，北京共有爱国主义教育基地209处、红色教育基地34处。新街口有4处爱国主义教育基地：北京鲁迅博物馆（鲁迅旧居）、徐悲鸿纪念馆、西城区青少年儿童图书馆、北京历代帝王庙博物馆；1处红色教育基地：北京鲁迅博物馆（鲁迅旧居）。通过爱国主义教育，可以有效运用红色文化资源，将北京革命历史知识、历史人物、革命精神等重要信息传达给参观者，引导广大青少年树立正确的世界观、人生观、价值观。

## 6.2.2 新街口红色文化名人故居保护状况

红色文化名人故居是指在革命战争时期，在反抗内外压迫、追求民族解放的过程中做出过卓越贡献的共产党员、先进分子、革命先辈等曾经居住或生活过的地方，以故居建筑为载体、红色基因为主线、红色文物为依托、红色文化为核心、红色旅游为开发导向，以重大时间节点为坐标的红色资源类型。

北京新街口红色名人故居资源较为丰富，历史价值突出，同时分布相对集中，保存较为完整，由点串线成面的空间整合容易实现。

红色文化名人故居的旅游开发，首先是对故居本体建筑进行保护修缮，保护其完整的建筑形态和空间结构，其次是注重保护故居周围环境和营造街道整体氛围，更重要的是对其文化内涵进行深入发掘，并与周边旅游资源进行有机串联，形成功能复合的区域旅游产品体系。

然而，在目前的实践中，存在着保护不够全面、重保护轻利用甚至不利用、点状分布缺乏整合的状况。红色文化名人故居的保护，不应只注重名人知名度，也不应停留在依托资源本身开发旅游产品这种单一的开发模式，而是要在此基础上挖掘历史事迹和红色文化记忆，发掘其最本质、最宝贵、最感人的精神品质和革命事迹。通过对多种艺术形式广泛宣传，不断提升公众对红色文化名人故居的关注度，促进研学旅游和红色主题展览旅游发展，让历史名人的时代精神不断传承延续。

## 6.3 新街口典型的名人故居

### 6.3.1 北京鲁迅旧居

（1）旧居概况

北京鲁迅旧居位于北京市西城区新街口街道阜成门内大街宫门口二条19号，2005年被评为全国重点文物保护单位。鲁迅先生曾于1924年5月至1926年8月、1929年5月、1932年11月在此居住过（图6.3-1）。

图6.3-1 北京鲁迅旧居平面图

鲁迅（1881—1936年），原名周樟寿，后改名周树人，字豫山，后改豫才，浙江绍兴会稽县人，著名文学家、思想家、革命家、教育家、民主战士，新文化运动的重要参与者，中国现代文学的奠基人之一。鲁迅的作品以小说、杂文为主，代表作有：小说集《呐喊》《彷徨》《故事新编》等；散文集《朝花夕拾》；散文诗集《野草》；杂文集《坟》《热风》《华盖集》等。

鲁迅在北京工作生活了近15年，从32岁到46岁，这是他人生最好的创作时期。鲁迅在北京长时间居住过四处宅院，分别是南半截胡同的"山会邑馆"（又称绍兴县馆或绍兴会馆）、八道湾胡同11号、砖塔胡同61号和原宫门口西三条21号，前三处已拆除或沦为大杂院，只有宫门口西三条21号的北京鲁迅旧居被完整保护下来，并向公众开放。

（2）建筑历史及特征

北京鲁迅旧居建筑位于西城区新街口街道宫门口二条19号，坐北朝南，是一个二进四合院的建筑，青瓦盖顶，前院有3间正房、3间倒座房、2间东厢房和2间西厢房。正房西侧有条夹道通向二进院，是民国时期建筑。目前隶属于国家文物局，是司局级公益性事业单位，是中央国家机关思想教育基地、中央国家机关文明单位和北京市爱国主义教育基地（图6.3-2，表6.3-1）。

在鲁迅入住之前，院内原有的6间旧房早已破烂不堪。据《鲁迅日记》

北京鲁迅旧居历史沿革 表6.3-1

| 时间 | 历史沿革 |
|---|---|
| 1923年10月23日 | 鲁迅购阜成门内宫门口西三条21号房宅事成 |
| 1924年春 | 鲁迅亲自设计了改建方案，并按图施工 |
| 1926年8月26日 | 鲁迅南下离开西三条故居后，朱安与鲁迅的母亲继续在此居住 |
| 1929年5月、1932年11月 | 鲁迅两次从上海回北平探亲，都在此居住 |
| 1946年11月 | 朱安通过地方法院办理了《赠与契约》，将北京鲁迅旧居转赠给鲁迅之子周海婴 |
| 1947年6月 | 北京鲁迅旧居的最后一位主人朱安女士病故。北平的鲁迅旧居已无亲人照管 |
| 1949年2月 | 解放军北平市军事管制委员会文化接管委员会文物部筹备恢复北京鲁迅旧居原状 |
| 1949年10月19日 | 鲁迅逝世13周年纪念日，北京鲁迅旧居正式开放 |
| 1956年10月19日 | 鲁迅逝世20周年纪念日，在东侧正式建立"北京鲁迅博物馆"并对外开放 |

记载："1923年10月23日购阜成门内宫门口西三条21号房宅事成，议价800银圆"，买下了这个四合院。1924年春，鲁迅亲自绘制了施工草图，并按图施工进行改建装修。1924年5月25日，鲁迅一家由砖塔胡同61号迁入此地居住。直至1926年，鲁迅离开北京赴厦门大学任教。在这里，鲁迅完成了许多重要作品，如《华盖集》《华盖集续集》《野草》《彷徨》《朝花夕拾》等（图6.3-3）。

改建后的大门位于院落东南角，大门与倒座房相连，进门后左侧有一座砖砌屏门，跨过即可进入院落内部，鲁迅在院内种植了两株丁香树，小小的

图6.3-2　北京鲁迅旧居入口

图6.3-3　旧居门口胡同旧照

图6.3-4　倒座房西侧耳房

图6.3-5　正房三间

庭院因此变得宁静美丽。大门西侧的倒座房有三间正房，西侧有一间耳房，屋顶是平顶。三间倒座房是鲁迅先生的会客兼藏书室（图6.3-4）。

一进院北侧有三间正房，东次间是鲁迅母亲鲁瑞的卧室，西次间是鲁迅原配夫人朱安的卧室，明间的堂屋为餐厅及洗漱、活动处；堂屋西墙处的木架上摆放着一只用来换洗衣服的藤箱。东、西侧各有两间厢房、平顶，西厢房北侧有1座屏门、通往二进院（图6.3-5）。

二进院是花园和卫生间，有一口枯井及花椒树、榆叶梅等灌木。在一进院正房后檐明间接出一座砖砌的简易平顶小房，不足9m²，是鲁迅自己设计的卧室兼工作室，被称为"老虎尾巴"，鲁迅自嘲其为"绿林书屋"。小屋屋顶很低，几乎伸手可触。小屋北窗安着两扇大玻璃，既可避免阳光直射，又保证充足的光线，对于鲁迅的写作十分有利。靠东墙摆着一张普通的三屉长桌，桌上放着墨盒、笔架、茶碗、烟灰缸、闹钟和高脚煤油灯等。东墙上悬挂着鲁迅的老师藤野先生亲题的"惜别"二字照片。西墙上挂着一幅条幅："望崦嵫而勿迫，恐鹈鴂之先鸣"。窗下是由两条凳架着两条木板的床铺，上面摆放着一对绣有"卧游""安睡"字样的枕头，是许广平1925年亲手绣制送给鲁迅的定情信物（图6.3-6、图6.3-7）。

1949年10月19日在鲁迅逝世13周年纪念日，北京鲁迅旧居正式对外开放。1956年在鲁迅逝世20周年纪念日时，东侧的"北京鲁迅博物馆"正式对外开放（图6.3-8）。1978年，在鲁迅诞辰100周年前夕，北京鲁迅博物馆

图6.3-6 "老虎尾巴"室内

图6.3-7 "老虎尾巴"室外

图6.3-8 北京鲁迅博物馆入口

二次扩建，并于1981年8月竣工。2006年，北京鲁迅旧居被列为全国重点文物保护单位。自1950年以来，北京鲁迅博物馆已收藏文物藏品3万多件，其中鲁迅先生文物有21258件，特藏文物7083件，国家一级文物424件，成为深入开展爱国教育的重要博物馆。

## 6.3.2 程砚秋故居

（1）建筑概况

程砚秋（1904—1958年），满族，北京人，我国著名京剧表演艺术家，京剧"四大名旦"之一；11岁登台，以表演青衣而著名，创立了"程派"京剧表演风格；最初艺名叫程菊依，后改程艳秋，字玉霜，最后改为程砚秋，字御霜。程先生自幼家贫卖身学艺，初习武生，后改习青衣，抗日战争时期，在京郊青龙桥隐居务农，1949年后，曾任中国戏曲研究院副院长。

程砚秋故居位于北京市西城区新街口街道西四北三条39号，原门牌号为西四牌楼北报子胡同18号，1984年被评为北京市文物保护单位，程砚秋先生于1937年到1958年在此居住，现在为程先生后人居住（图6.3-9、图6.3-10）。

图6.3-9　程砚秋头像

图6.3-10　程砚秋故居平面图

图片来源：马长林.程砚秋"技"惊上海滩[J].世纪，2021.01.

（2）建筑特征

该故居位于西城区新街口街道，是一座坐北朝南的三进四合院的中型院落，占地面积约390m²，是民国时期建筑，是程砚秋购置的第一处房产，如今已被北京市政府划入"西四北一条至八条胡同保护区"重点保护。

宅院大门是屋宇式如意门形制，位于宅院东南角，屋顶是歇山顶，大门两侧有一对砖砌方形门枕（图6.3-11）。进入大门后，直接面对影壁，影壁的右侧是花墙式院墙，前院和后院分别由月亮门（位于西侧）和垂花门相连。北房四间是程砚秋生前的会客厅和书房，被命名为"御霜簃"。中厅主要用于接待访客，而中厅与东厅之间有书柜分隔。东厅的后门通向中院东侧，与后院的抄手游廊相连。西厢房有三间，用于程砚秋生前的书斋，这里有一台大书桌和多层抽屉信柜。书桌上放置着墨盒、端砚等书写工具，窗台上摆放着各种小摆设。一进院的南面有四间倒座房，其中最东边的房间是独立的门房，其余三间用于存放戏装、剧本、道具和杂物。三间西厢房供戏团师傅居住。

二进院南侧正中有一座一殿一卷式垂花门，北侧有三间正房，正房的两间东屋原为程先生夫妇的卧室，正房东西两侧各有二间耳房，东、西侧

图 6.3-11　倒座及入口

各有三间厢房，全部建在青石基座上。院内房屋通过抄手游廊相连，院中央为一大天井，左右辟有花坛，西厢房主要由孩子们居住，东厢房上有阁楼，用来堆放杂物。此外，东侧另有一个小跨院，其中有包括饭厅在内的数间房。程砚秋生前用的戏装、剧本、图书资料、练功镜、学习和绘画用品、生活用品以及国内外友人赠送的纪念品等都在这里完好地保存着。

前院四边铺设有大青砖甬路，院落中间沿甬路栽种了半人多高的松树围墙，中央铺满了绿油油的草皮，西北角种有一棵大针叶罗汉松，这是程砚秋当年从事农业园圃试验的产物。1946年前后，松树逐渐枯萎，移除后改成了竹篱笆墙，后又在书房右前方栽种柿树，如今已长成大树。

### 6.3.3 傅增湘、彭蕴章故居

（1）建筑概况

傅增湘、彭蕴章故居位于北京市西城区新街口街道西四北五条（原名石老娘胡同）13号，建于清朝中期，1984年被公布为西城区不可移动文物。

彭蕴章（1792—1862年），清道光十五年（1835年）进士，咸丰十一年（1861年）任兵锦尚书兼左都御史。彭蕴章于咸丰九年（1859年）迁入此宅。

傅增湘（1872—1949年），字润沅，号沅叔，别署双鉴楼主人、藏园居士、藏园老人、清泉逸叟、长春室主人等，近代著名藏书家，鲁迅笔下的

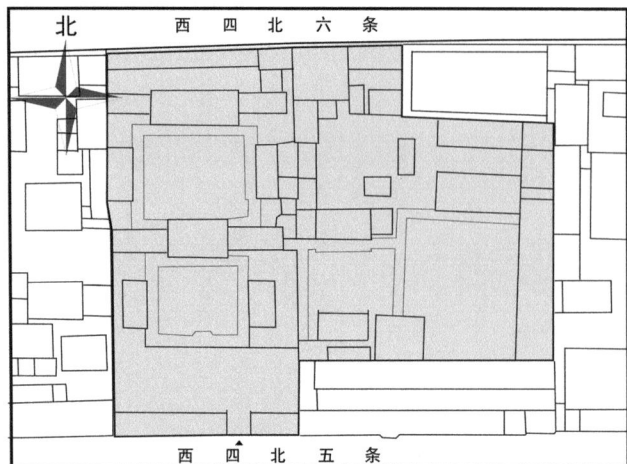

图 6.3-12　傅增湘故居平面图

"F先生"，四川江安县人。光绪二十四年（1898年）进士，选入翰林院为庶吉士。1917年12月至五四运动前，曾入内阁任教育总长，1927年任故宫博物院图书馆馆长（图6.3-12）。

（2）建筑特征

故居坐北朝南，分为东西两路，是由四进院落组成的四合院，大门为广亮大门形制，清代中期建筑。现存13号院的旧居，是1918年傅增湘在任教育总长时所构筑的，西院是宅邸，东院为花园，花园有敞厅、石斋、池北书堂、龙龛精舍、莱奴室、抱素书屋、霜红亭等建筑。花园里有假山与六角攒尖亭，还取了苏东坡的诗句来命名一些建筑，如"藏院"和"双鉴楼"。双鉴楼内藏有善本书籍66000余卷。

该院后改为商务部宿舍楼并使用至今，格局尚存但建筑改变很大。当年院内的假山和亭台楼阁很是精致，而今则完全看不到当年的痕迹，只有进门影壁上的砖雕还隐约展示着当年的精致。

大门东侧有三间倒座房，西侧有七间倒座房，后来改建为现代机瓦屋面。西路为住宅区。一进院北侧有一座一殿一卷式垂花门，带三级垂带踏跺，两侧各有一棵一、二级古树。二进院有三间正房，正房左右两侧各有二间耳房，东耳房开有过道。东、西厢房各有三间，前面挑出有廊子。三进院有五间正房，前后都有廊子，东、西厢房各有三间，前面挑出有廊子。四进院原有后罩房已翻建。三、四进院现已划归西四北六条16号院。

东路为花园区，建筑改建较多，原格局和建筑面貌已经不复存在。南侧有一间砖质随墙门，院内有一条南北向游廊，南房和北房各有三间，南房东侧原来有池东路游廊塘北侧保存了六间歇山顶和敞轩，瓦面大多已翻建，其北侧有带抱厦的五间北房，院落后部堆土叠石逐渐升高，原来的一座六角形小亭已被拆除，改建为民房。

此院据传曾为明代皇帝乳母石老娘的宅院，因此这条胡同原名为石老娘胡同，现为居民院（图6.3-13、图6.3-14）。

图6.3-13 傅增湘故居正房

图6.3-14 傅增湘故居夹道

## 6.3.4 唐绍仪故居

（1）建筑概况

唐绍仪（1862—1938年），字少川，广东广州府香山县（今珠海唐家湾镇唐家村）人，清末民初政治活动家、外交家，曾任北洋大学（现天津大学）、山东大学校长，1912年曾任国务总理等职务（图6.3-15）。

唐绍仪故居位于北京市西城区新街口街道翠华街5号（图6.3-16），建于清朝晚期。

（2）建筑特征

据《宸垣识略》记载，一等英诚公第位于翠花街。推测这里最早的主人可能是清朝开国元勋之一舒穆禄·扬古利（1572—1637年）的后裔。扬古利阵亡后于雍正九年受封超等英诚公，其子降为一等公，翠花街5号院最早应该是当年清一等英诚公的府邸。

图6.3-15 唐绍仪头像

图片来源：夏明亮.民国首届总理唐绍仪[J].文史天地，2008.11.08.

故居位于西城区新街口街道翠花街，坐北朝南，分为东西两路，由三进四合院构成，建筑宅大门为金柱大门形制，门前有垂带踏跺四级的石阶。西侧为住宅区，东侧是花园，花园内有一座勾连搭敞厅。大门东侧有四间倒座

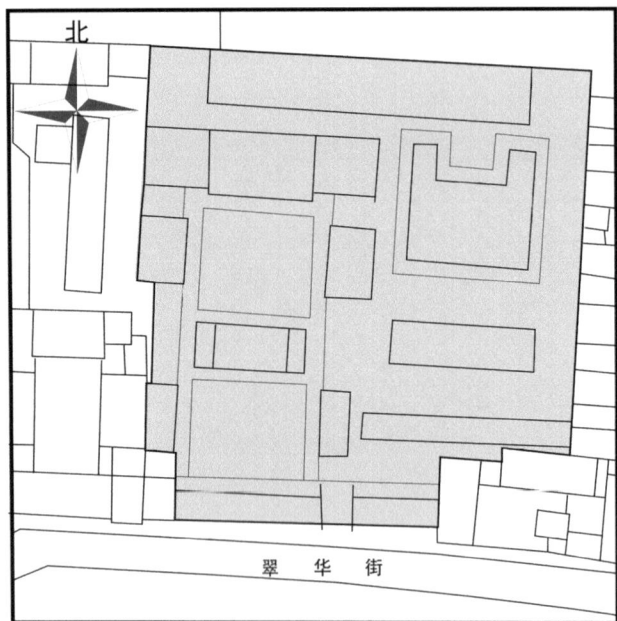

图6.3-16　唐绍仪故居平面图

房，西侧有六间倒座房，前面挑出有廊，梁架上绘有苏式彩画，西侧的垂花门已经被拆除，低矮的门廊可能是后来建造的。大门内有一座山影壁，山影壁西侧通向西路一进院，一进院的正房有三间，前后有廊子，梁架也绘有苏式彩画，前面有如意踏跺四级，前檐装修已经变成现代的门窗。正房两侧各有一间耳房。一进院的东西两侧各有三间厢房，前面也有挑出的廊子，四周通过游廊连接，并通向二进院。

二进院的正房有三间带檐廊，梁架绘制苏式彩画，前面有如意踏跺四级，正房两侧各有两间耳房。二进院的东、西厢房各有三间，前面也有廊子。相对于一进院，三进院更大，彩画和门窗图案也更精致。三进院后面的后罩楼已经被二层简易楼所取代。东路花园原来有假山、戏台和敞厅，但现在仅保留了抱厦歇山带檐廊的七间凹字型三卷勾连搭敞厅，它的进深颇长，南侧原来的花园位置已经改建为民房。

目前，5号院历经多次翻修和主人更迭，现在被用作市口腔医院的宿舍，1989年8月1日被公布为西城区文物保护单位（图6.3-17～图6.3-19）。

图6.3-17　唐绍仪故居北入口

图6.3-18　唐绍仪故居现状1

图6.3-19　唐绍仪故居现状2

### 6.3.5 其他重要的名人故居

（1）溥仪旧居

溥仪（1906—1967年），爱新觉罗氏，字曜之，北京人，于宣统元年（1909年）登基为末代皇帝，宣统三年（1911年）退位（图6.3-20）。

溥仪旧居位于东冠英胡同40号，原门牌号为东观音寺胡同23号，该建筑现已拆除。1962年4月，溥仪与李淑贤在政协文化俱乐部（南河沿礼堂）结为夫妻。1963年6月，两人搬进了东冠英胡同新居。《溥仪的后半生》中描述：这里条件尚佳。两间卧室，两间客厅，一间饭厅，还有卫生间、厨房和库房。院落呈长方形，相当宽敞。种着青松、翠柏、梨树和海棠，还有茂密的榕花树等。

旧居坐南朝北，院内有北房五间及左右耳房各一间，建筑面积约为150m²，是一座具有民国时期西式建筑风格的房屋。在颠沛流离半生之后，溥仪在东冠英胡同度过了最后一段平静却充满小幸福的时光（图6.3-21）。

（2）徐悲鸿纪念馆（原为刘骜园故居）

刘骜园（生于清光绪十年，即1884年），名文嘉，字任甫，湖北嘉鱼人，早年赴日本早稻田大学法律系学习，辛亥革命后任军政府参议，1929年任职中东铁路，"九一八"事变举家迁至北平（今北京）。

徐悲鸿（1895—1953年），汉族，原名徐寿康，江苏宜兴县屺亭镇人，中国现代画家、美术教育家，景星学社社员，1949年后任中央美术学院院长。徐悲鸿被尊称为中国现代美术教育的奠基者，被誉为"现代中国绘画之父"和"中国现代画圣"。

**图6.3-20 溥仪照片**

图片来源：杨纪.溥仪的百姓生活[J].钟山风雨，2020.04.

**图6.3-21 溥仪旧居的小院**

图片来源：陈光中.风景——京城名人故居和故事[M].新世界出版社.2002.

刘絜园故居位于北京市西城区新街口街道新街口北大街53号，1954年在原基址上新建徐悲鸿纪念馆。纪念馆原址在北京市东城区东授禄街16号，周恩来总理亲书"悲鸿故居"匾额。1966年"文革"开始之后，原纪念馆被拆除。1982年新馆竣工，次年1月正式开放。徐悲鸿纪念馆新馆占地面积5363m²，总建筑面积10885m²，主体建筑为4层灰色展览楼，共有一个序幕厅和七个展室（图6.3-22）。

图 6.3-22　徐悲鸿纪念馆

## 6.4 新街口名人故居保护与发展

### 6.4.1 名人故居的保护

名人故居作为名人生活成长、活动发展的见证者、记录者，具有重大的文化、历史、经济和教育价值。保护并充分利用新街口的名人故居，将其融入城市规划和发展战略中，可以向人们展示历史和文化的演变，通过传承和弘扬优秀的文化，促进社会对文化传承的认识和尊重，为城市增添独特的文化底蕴和人文氛围。此外，这一举措还有助于北京建设全国文化中心，培育具有国际竞争力的创新创意城市，提升城市文化软实力，同时成为教育青年成长成才的生动教材和增强城市文化魅力的重要文化景观。

名人故居保护工作最早兴起于欧洲。在两次世界大战后，许多欧洲的文化遗产和历史名城遭受了严重的破坏，这引发了人们对文物保护的高度重视，名人故居的保护工作也由此展开，在各国的不懈努力下逐渐形成了系统完备的保护制度。同时，人们开始更加注重对名人故居的开发和合理利用。目前，针对名人故居的保护工作已经有了明确的规范和操作流程，这包括对名人故居范围的界定、保护方法的制定、开发利用策略的规范化。这些规范和制度的建立，使得名人故居的保护工作更有条理，更加高效。

名人故居的保护不仅仅局限于建筑本身，还涉及相关历史背景、文化价值和影响等方面的保护。尽管新街口的名人故居保护工作已经取得了一些进展和成果，但在不断变化的社会和环境条件下，名人故居的保护仍然面临一些需求和挑战。名人故居的保护是一个需要持续关注和不断改进的领域。通过制定科学的保护策略和规划，以及与政府、社会组织、专家学者和公众的合作，我们可以更好地传承和弘扬名人故居的历史文化价值，让它们继续在现代社会中发挥作用。

这些名人故居不仅是北京文化遗产的一部分，也是中国文化的瑰宝，应该得到妥善保护和合理利用，以传承和弘扬名人的文化精神。因此，我们需要采取措施来确保它们得到妥善保护，同时也要充分发挥它们的文化和教育价值。

（1）坚持真实性保护原则

名人故居的保护工作应当始终遵循真实性原则，努力保持或恢复故居的原始状态，这将保障故居的历史真实性和文化价值得以传承，为人们提供教育意义和文化体验，此外，还有助于确保故居的外部形态与内在文化相协调，提升人们对保护工作的认知和参与度。在新街口名人故居保护的过程中，需要引入原真性原则，根据本地情况和故居特点，对拆除、改建等进行必要的限制，并在相关保护规定的指导下，采用合理的方法进行保护，力求保持故居的原始特征，包括建筑外观、平面布局、空间结构、细节装饰、艺术风格，以及故居周边环境和街道的原始风貌。

（2）挖掘丰富的文化内涵

在名人故居的保护过程中，除了注重保护和修缮工作，还应深度挖掘故居的丰富文化内涵，以展现名人的精神风貌、弘扬优秀的传统文化。以北京鲁迅旧居为例，在新建博物馆的同时，将故居融入展示的环节，并积极开展多层次的文化交流活动，成功地融合了故居的历史和文化元素，成为一处既能保留历史原貌又能传达名人思想的重要文化遗址。然而，其他名人故居的开发与利用工作虽然正在逐步发展，但由于仅仅停留在表面的展览，游客数量相对较少，且游览方式草率匆忙，这背后的重要原因是缺乏对故居文化内涵的深度挖掘。

因此，名人故居的保护应着眼于历史考据与叙事融合、文化环境再现、互动体验设计、文化创意产品推广以及融入教育项目等方面，以实现文化内涵的深度挖掘和传承，只有将故居保护与名人精神传承相结合，通过多样化、深入化的方式呈现名人的生平、作品和思想，才能吸引更多游客前来参观，并在他们的心中留下深刻的文化印记。

（3）加强故居的联合开发

名人故居保护应当更加注重联合开发，将一定范围内的名人故居以特定路线或主题相互连接，融入城市的文化旅游体系中，以丰富游览体验。据不完全统计，新街口有近30处名人故居，并且有上百位名人曾在此活动，因此在对这些故居进行开发时，也应特别强调关联性。可以设计一个涵盖新街口各名人故居的旅游路线，或者按照历史时间线索整理出某位名人的生活经历。例如，可以打造"新街口·老记忆"文化探访活动，将新街口众多名人故居连点成线、连线成面，并持续优化文化探访路径的空间营造与步行体验，或者可以推出"追寻鲁迅"的活动，引导游客沿着鲁迅先生曾经的足迹，深入了解他当年的革命历程。

除此之外，我们不应仅限于保护单一故居本身，而应将其作为核心，同时保留其所在街区的原貌，还可将名人曾经工作、生活过的地方纳入保护范围，积极探索文物保护与新街口地区环境提升、经济融合发展的新模式，展现有绿荫、有鸟鸣、有老北京味的特色景观风貌，使游客不仅可以在故居内部感受名人的生活，还可以在周边街区中体验当时的环境和氛围。

（4）加大公众的参与力度

目前，我国的名人故居保护工作更多是限于政府层面，民众参与度普遍较低。实际上，城市遗产保护并不仅仅是技术层面上的工作，更关键的是激发民众的意识和参与。全面的历史保护需要建立在广泛的文化价值认同的基础上才有可能。为此，我们应在新街口地区加强文化遗产教育，让更多本地人和游客了解丰富的遗产资源和保护工作，使这些遗产走进公众的日常文化生活。这将有助于提高公众的保护意识和参与度。政府可以通过多种方式来实现这一目标，例如免除或降低名人故居的门票价格，多形式组织与名人相关的文化活动等，以促进民众走进故居参观游览，并深入了解其中蕴含的历史文化。

通过加大公众参与力度，我们能够将名人故居保护工作从政府单方行为转变为政府主导、全社会共同参与的文化事业。这不仅有助于弘扬优秀的历史文化传统，也能够让更多人感受到城市遗产的魅力，从而为名人故居的长期保护与传承奠定坚实基础。

## 6.4.2 名人故居的再利用

如今，众多名人故居和名人纪念馆已经成为拥有独特影响力的文化遗产，承载着重要的历史意义和文化价值。在城市发展的过程中，如何平衡名人故居的保护与改造再利用，成为一项兼具挑战和机遇的任务。故居的再利用需要在尊重历史、保护原貌的前提下进行，确保不破坏故居原有的历史风貌。同时，在保持历史原真性的前提下，可以以复原和再现历史文物的目标进行适度的改造，将现代技术、工艺与历史遗存相融合，使其功能得到更新，以适应当前的实际需求。此外，名人故居的改造范围不仅包括建筑本体，还涵盖了周边的景观环境。因此，在进行改造时，需要充分利用现有的人文和景观资源，注重景观规划的整体性、系统性和互动性。根据不同景观的功能需求，可以增强传统街巷的景观实用性和观赏性。这种做法不仅有助于活化利用名人遗产，也能更好地传承名人的精神和文化内涵。

名人故居的保护和改造再利用是一项需要谨慎权衡的任务，既要尊重历史和文化，又要努力满足现代社会的需求。通过合理的改造手段，能够实现名人故居的功能更新和文化传承，让这些重要的遗产在当代焕发新的活力。

（1）多手段再现名人生活的时代场景

人们通常怀着对名人生平事迹的好奇和对名人的崇敬之情走进故居，希望亲眼目睹名人曾经生活和工作的地方。置身其中，仿佛跨越时空，身临其境地感受名人气息。因此，在尽可能保持名人故居原貌的前提下，探索新技术的应用显得尤为重要，如影视技术、虚拟现实（VR）技术等。科技的进步为名人故居的保护与开发带来了更多的机遇和资源。通过影视技术，可以重现生动的历史片段，将名人在故居中的日常生活场景呈现给游客，实现名人故居可观、可游、可读、可听，帮助人们更好地认识故居的历史沿革，从而更深入地体验名人故居所蕴含的文化底蕴。虚拟现实技术则能够让游客穿戴设备,沉浸式地体验名人故居的历史场景,仿佛亲历其境。这些新技术不仅能够吸引更多的游客,还能够提升游客的参与感和互动性。

然而,在引入新技术时,仍然需要谨慎权衡。保护名人故居的真实历史特征是首要任务,因此新技术应当与历史事实相符合,避免对名人故居原本的历史价值造成损害。同时,要确保新技术的运用不会过度干扰游客的体验,而是能够更好地帮助他们理解和感受名人故居的独特魅力。

(2)多形式塑造名人文化IP和主题形象

可以采取多种方式,例如打造高级景区、建立广受欢迎的研学基地、利用网络营销等塑造文化IP和主题形象,从而增强文化资源的可持续发展能力和产品的生命力。这可以通过广泛运用媒体宣传、举办展览、庆祝活动、学术交流、影视制作、市场促销、区域合作等途径来实现,不断提升新街口名人故居的品牌影响力。

同时,也要深入贯彻实施"互联网+"战略,借助大众喜爱的自媒体传播方式和手段,在不同年龄层次的受众中传播新街口名人故居的相关信息,进而塑造出有影响力的文化IP。通过社交媒体、短视频平台、网络直播等途径传播,将名人故居的历史、故事、文化内涵传递给更广泛的观众,让他们更加深入地了解和关注新街口名人故居的保护和再利用进程,并吸引更多观众前来参观和了解,在保护和传承名人故居的历史价值的同时,也能够推动该地区文化旅游产业的发展,为区域经济注入新的活力。

(3)多渠道筹集保护资金和社会资源

新街口历史悠久,从古至今名人众多,现存有大量的名人故居。然而,因为资金来源有限,很多名人故居陷入了年久失修、闲置废弃或开发利用程度较低的困境。目前政府拨款仍是新街口故居保护资金的主要来源渠道,社会参与度较低,用于故居保护的资金还处于短缺状态。

为了改变这一状况,可以拓宽资金来源的渠道,以取得更好的效果。例如,可以考虑发行名人故居专项彩票,用于筹集保护工作所需的资金。另外,也可以尝试引入民间资本,让民间投资者参与名人故居的保护工作,如设立捐赠基金,鼓励社会各界人士、企业家和爱好者进行捐赠和赞助,或与私营企业或社会机构合作,共同经营名人故居,实现资源共享、互惠互利,并为其提供税收减免等激励政策,以鼓励更多的社会资本投入。通过多样化的资金筹集途径，我们可以更好地支持名人故居的保护，在保护和传承名人故居的文化价值的同时，激发名人故居的经济潜力，为新街口的文化旅游产业注入新的活力。

（4）多功能开发名人故居的价值和影响力

名人故居的开发应着眼于多重功能的赋予，不局限于展示，而是在保护的基础上，赋予故居更丰富的活动与价值，以故居建筑为支撑，以名人成就为核心，充分发挥其更大的价值和影响力。对于一些具有深远影响的名人故居，除了建设纪念馆外，还可以设立研究中心，将其打造成为多功能的文化机构。以北京鲁迅博物馆为例，它的定位不仅仅是保护故居和展示鲁迅，更是一个多功能的文化中心，通过多种活动不断展示名人的整个生平。通过定期举办研讨会等学术活动，为传承和发扬鲁迅文化做出了重要贡献。

这种多功能开发的方式有助于拓展名人故居的影响力和吸引力，吸引更多人前来参观和参与。故居可以成为文化交流、学术研究、教育培训等各种活动的举办场所，将名人的思想和精神传承下去。这样的开发模式也为故居注入了持续的活力，使其不仅在文化传承方面发挥作用，还在社会、经济等方面产生积极影响，为当地文化产业的繁荣做出贡献。

7

新街口文教建筑

新街口的建筑类型非常丰富，除了数量众多的居住建筑和典型的宗教建筑、王府建筑之外，还有一类重要的建筑——文教建筑。不管从近代历史发展还是从规模和影响力来看，新街口的文教建筑都体现出很高的价值。

## 7.1 新街口文教建筑的发展过程

### 7.1.1 晚清时期的发展

近代以来，新街口一直各类学校云集，是北京重要的文教中心区。

中国近代的文教建筑主要表现为近代学校建筑。近代学校是在中西文化冲突交融的历史境遇中萌芽而来的，一类由政府创设，为了"师夷长技以制夷"；另一类由教会开办。这二者成为近代教育成长的主导力量，贯穿于1840年以来的学校发展过程之中，新街口的很多学校实例都是这种背景下的产物。

（1）文教建筑的萌芽（1840—1897年）

1860年第二次鸦片战争失败后，"洋务派"坚信学习西方的科学技术是拯救国家的最佳途径。为了实现这一目标，中国出现了一批以学习西方科学技术为主要办学目标的新式学堂。这些学堂主要可分为三种类型，即方言学堂、技术学堂和军事学堂。其中在北京，出现了两种类型的新式学堂，即"方言学堂"京师同文馆和"军事学堂"昆明湖水师学堂。

此时，中国对西方科学技术的学习以及教育现代化改革尚处于起步阶段，新型文教建筑仍处于萌芽阶段。新街口的教育建筑仍然以传统的旧式书院为主，典型的例子包括正红旗官学（今北京师范大学京师附小）和右翼宗学堂（今北京第三中学）等，新型文教建筑尚未出现（图7.1-1、图7.1-2）。

（2）新式文教建筑的出现（1898—1911年）

1898年，京师大学堂的创立成为北京近代本土高等教育的重要里程碑。这一时期，北京的高校步入洋风东渐的历史进程，如京

**图7.1-1　正红旗官学**
（现北京师范大学京师附小）

图7.1-2　右翼宗学堂（现北京第三中学）

图片来源：石豪东绘

图7.1-3　京师大学堂内景

图片来源：李向群. 老北大校园变迁回顾 [J]. 北京大学教育评论，2005，(S1)：63-73.

师大学堂、清华学堂等。同时，根据办学规章，许多以各权力机关为办学主体的专门学校相继涌现，包括贵胄学堂、财政学堂、税务学堂、测绘学堂、法律学堂等（图7.1-3）。

这一时期学校的数量显著增加，办学规模和数量不断扩大，教育领域呈现多元化。新型文教建筑风格主要以西方风格为主，同时也融合了中西文化的元素，形成了新的建筑风格。

在这一时期，新街口出现了高等实业学堂这一本土公立高校，它坐落于祖家街神机营机械分所，是北京工业专门学校的前身。此外，京城近代最早的两所公立小学诞生于新街口，它们是1903年创立的八旗第四高等小学堂（现北京师范大学京师附小）以及1904年创立的内务府三旗初等第六小学堂（现黄城根小学）。

## 7.1.2 民国时期的发展

民国初期，北京近代高校步入一个全新的发展阶段，学校办学类型得到丰富，开始出现除本土公立高校和教会学校以外的本土私立学校。这一时期大量校园建设活动开展，如北京大学、清华学校，校园建筑有了长足的发展。

与此同时，中国教会学校的发展到达巅峰。虽然庚子事变后北京地区的教会学校遭受了严重破坏，但是各教会为了快速恢复教会事业和壮大教会势力，开始联合办学。充足的财政和政策支持使得教会学校发展很快，此时很

图7.1-4　北京美术学校

图片来源：中央美院校史馆. 中央美术学院 [M]. 石家庄：
河北教育出版社, 2008.

图7.1-5　志成中学校舍旧址
（现北京三十五中学志成楼）

多学校跻身于世界一流大学之列。

这一时期，新街口教育建筑的发展也达到一个高潮，若干本土公立高校和私立高校都坐落于此。其中公立高校包括1912年从保定迁至西直门内崇元观旧址的陆军大学，以及由高等实业学堂改组的北京工业专门学校。私立高校包括1918年北京大学校长蔡元培创办的北京美术学校，以及建于1924年的畿辅大学，其中畿辅大学采用对称式美国近代折中主义风格，中西建筑风格相互融合，是近代教育建筑的典型风格（图7.1-4）。

除此之外，这一时期新街口的中小学校建设也处于高峰期，例如1909年李大钊等人创办的京师私立志成中学校（现北京第三十五中学）（图7.1-5），以及1921年由著名教育家、北京师范大学校长陈垣创办的平民中学（现北京第十三中学诚毅分校）等。

南京国民政府执政时期，在北京设立北平特别市，简称北平，北京的文化地位被削弱。北京近代本土大学的数量虽然有所减少，但是也有一些校园建设活动。该阶段新街口并没有大规模的教育建筑建设活动，基本上维持北洋政府时期的状态。

1937—1949年，中国陷入长达12年的战争泥潭，建筑活动趋于停滞，大量学校停办，文教建筑发展停滞。

### 7.1.3 新中国成立之后的发展

新中国成立后，我国建设了很多的博物馆、文化宫、展览馆、剧院等文化设施，文教建筑除了学校建筑之外，还包含更多的类型。

在改革开放之前，北京建筑的发展一方面承接了20世纪二三十年代的中国现代主义建筑传统，同时也为新时期现代主义建筑的探索奠定了基础。

这一时期新街口的文教建筑并不拘泥于传统形式，出现了很多非常现代的文化建筑，例如成立于1955年由延安平剧研究所改组的国家京剧院，以及由西单区、西四区图书馆合并而来的西城区第一图书馆等。

图7.1-6 梅兰芳大剧院

改革开放之后，中国建筑创作进入了一个空前繁荣的多元时期。此时，新街口的文教建筑有了很大的发展，例如1982年由中国儿童少年活动中心和中国儿童发展中心合并而来的中国儿童中心，1990年代建成的西城区青少年儿童图书馆，1999年建成的西城区第一图书馆新址，2007年建成的西城区文化中心新馆等。他们与之前的文教建筑相比，更多地体现了现代主义的功能理性精神。

除此之外，建于2007年的国家京剧院分院——梅兰芳大剧院（图7.1-6），在体现现代主义理性精神的基础上，在时代与技术美的追踪、隐喻与象征的表达、文化内涵与场所精神的塑造等方面更是超越了经典现代主义建筑的中性化、机械化的局限，体现了新街口崭新的建筑文化。

## 7.2 新街口文教建筑分布及发展一览

### 7.2.1 新街口文教建筑分布

新街口的文教建筑大致可归纳为三类，即近代教育建筑、当代教育建筑、当代文化建筑（图7.2-1，表7.2-1）。

近代教育建筑共有4所，均为清末民国时期创立，受时代所限，均为教育形式单一的专科学校。其中畿辅大学、北京美术学校、北京工业专门学校三所学校规模较小，在当时京城众多高校中并不出众。而位于崇元观旧址的陆军大学则是民国时期与黄埔军校齐名的军事学府，是当时军事教育的最高学府之一，为我国近代军事教育做出了卓越贡献。

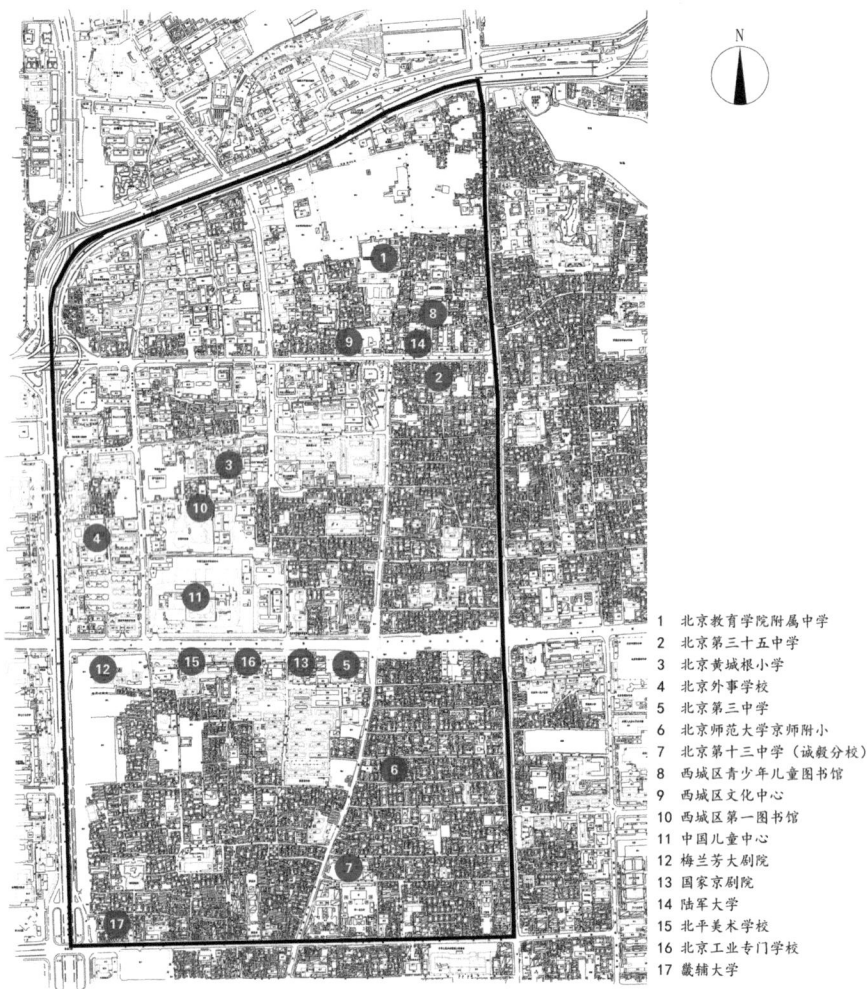

图 7.2-1　新街口文教建筑分布图

1　北京教育学院附属中学
2　北京第三五中学
3　北京黄城根小学
4　北京外事学校
5　北京第三中学
6　北京师范大学京师附小
7　北京第十三中学（诚毅分校）
8　西城区青少年儿童图书馆
9　西城区文化中心
10　西城区第一图书馆
11　中国儿童中心
12　梅兰芳大剧院
13　国家京剧院
14　陆军大学
15　北平美术学校
16　北京工业专门学校
17　蕺辅大学

　　本书共统计了7所当代教育建筑，它们或起源于清代的旧式书院，或为有识之士为中华崛起而创办的私立学府……均是有着悠久历史的中小学名校。在校园建设上，赵登禹路两侧的几所学校充分展现了对历史的敬意：对历史建筑进行充分保护，使其成为校园亮点；新建校舍就地取材，采用四合院及灰砖青瓦的传统建筑风格，使拔地而起的高大校舍在旧城区的传统建筑群中也不显突兀。

　　本书共统计了6座当代文化建筑，它们均建设于新中国成立后，坐落在平安里西大街和西直门内大街。它们虽然大多外观缺乏特点，与旧城区传统风格并不相符，但在其建立时期满足了人民对相关文化生活的需求，突破了当地传统建筑的局限性，更好地适应了地区的城市化进程，值得肯定。

| 建筑类型 | 名称 | 始建时间/年 | 地址 | 备注 |
|---|---|---|---|---|
| 近代教育建筑 | 陆军大学 | 1912 | 西直门内崇元观旧址 | 前身为保定陆军军官学校 |
| | 北京美术学校 | 1930 | 西四祖家街6号 | 中央美术学院的前身之一 |
| | 北京工业专门学校 | 1912 | 祖家街神机营机械分所 | 天津工业大学的前身之一 |
| | 畿辅大学 | 1924 | 阜内宫门口和米市大街干面胡同 | 北京交通大学的前身之一 |
| 当代教育建筑 | 北京教育学院附属中学 | 1920年代 | 西城区新街口四条48号 | 前身为李大钊先生创办的志成中学和1950年代新中国创办的女子十中 |
| | 北京第三十五中学 | 1923 | 西城区赵登禹路8号 | 始建于1923年,前身为京师私立志成中学校 |
| | 北京黄城根小学 | 1904 | 西城区后广平胡同9号 | 前身为创建于1904年的内务府三旗初等第六小学堂。1906年改为北洋官立第二小学堂,是最早的公立小学之一 |
| | 北京外事学校 | 1980 | 西城区永祥胡同3号 | 原名北京市外事服务职业高中 |
| | 北京第三中学 | 1724 | 西城区富国街3号 | 前身是1724年创办的八旗子弟右翼宗学堂 |
| | 北京师范大学京师附小 | 1883 | 西城区西四北四条47号 | 其前身为1883年创办的正红旗官学 |
| | 北京第十三中学诚毅分校 | 1921 | 西城区西四北二条58号 | 前身是1921年由著名教育家、北师大校长陈垣创办的平民中学 |
| 当代文化建筑 | 西城区青少年儿童图书馆 | 1990 | 北京西直门内大街69号 | 北京市最大的独立建制的青少年儿童图书馆 |
| | 西城区文化中心 | 1984 | 西城区西直门内大街147号 | 1958年由西单区和西四区文化馆合并而来,1984年兴建新馆,2007年搬迁至如今的新址 |
| | 西城区第一图书馆 | 1956 | 西城区后广平胡同26号 | 前身为市立图书馆西单分馆,1999年迁入新址 |
| | 中国儿童中心 | 1982 | 西城区平安里西大街43号 | 在清朝质亲王府原址兴建,前身是中国儿童少年活动中心和中国儿童发展中心 |
| | 梅兰芳大剧院 | 2007 | 西城区平安里西大街32号 | 隶属于国家京剧院 |
| | 国家京剧院 | 1955 | 西城区平安西里大街22号 | 前身为1942年成立的延安平剧研究院 |

## 7.2.2 新街口近代教育建筑一览

近代历史上，新街口共有4所教育机构，它们分别是：畿辅大学、北京美术学校、北京工业专门学校和陆军大学，如今它们均已无存，但其影响一直延续到现在。

（1）陆军大学

陆军大学的前身为中国近代唯一的一所最高级别的军事学府——保定陆军军官学校，是近代中国军事院校中存在时间最长的一所。

1912年7月，袁世凯将该校由保定迁往北京西直门内原崇元观旧址，直辖于参谋本部，后确定校名为"陆军大学堂"。1931年底，由北京迁至南京薛家巷妙香庵旧址。抗日战争爆发后迁长沙，继迁遵义、重庆。在陆军大学最辉煌的南京国民政府时期，它和黄埔军校齐名，蒋军将领将"穿黄马褂（黄埔）、戴绿帽子（陆大）"作为毕生的奋斗目标。1949年，大部分教职学员随教育长徐培根迁到台湾，后改为"三军大学"。

虽然陆军大学有其局限性，它是为各派旧军阀以及蒋系军阀培养人才而创办，但不可否认它的存在对于中国近代军事教育乃至中国近代军事史都产生了深远的影响（图7.2-2）。

**图7.2-2　陆军大学旧址**

（2）北京美术学校

1918年，著名教育家、前北京大学校长蔡元培在西城一座四合院内创办了北京美术学校。最初只设有绘画、图案两科，后分国画、西画、图案三系。1925年改为"国立北京艺术专门学校"，增设音乐、戏剧两系。1927

年秋与其他七校合并为"北平大学",停办音乐、戏剧两系,改称美术专门部。1928年改称"北平大学艺术学院",设国画、西画、实用美术、音乐、戏剧、建筑六系,徐悲鸿任院长。1930年改为"艺术职业专科学校",1933年停办。次年复校,改名"北平艺术专科学校",设绘画科(分国画、西画)、雕塑科(分雕刻、塑造)、图工科(分图案、图工)。抗

**图7.2-3 北平艺术专科学校**

图片来源: 中央美院校史馆.中央美术学院 [M].石家庄:河北教育出版社, 2008.

日战争爆发后南迁,与杭州艺术专科学校合并为"国立艺术专科学校"。留在北平的部分师生仍沿用原校名办学,1946年艺术专科学校重建,设绘画、雕塑、图案、工艺、音乐五科(图7.2-3)。1950年与华北大学文艺学院美术系合并,建立"中央美术学院"。

(3)北京工业专门学校

北京工业专门学校,其前身为1903年创办的"京师高等实业学堂"。1912年改组为"北京工业专门学校",并设立了中国北方最早的高等教育纺织科系——"机织科"。1928年,更名"北平大学工学院",确定学制为本科四年,课程体系日趋完善。1937年,受战争影响被迫西迁,与北平大学、北平师范大学等合并为"西安临时大学",其中工学院由北洋工学院和北平大学工学院组成,共设包括纺织系在内的六个系。1938年4月,西安临时大学更名"西北联合大学"。同年7月,西北联合大学改组为西北大学、西北工学院、西北医学院和西北师范学院。其中,由北平大学工学院教职团队主办的西北工学院"纺织系"是当时大后方国立大学中唯一的纺织系科,是培育高级纺织技术人员的摇篮,为我国纺织工业做出了巨大贡献。1946年迁至北洋大学纺织系。1958年,独立为"河北纺织工学院",1968年改称"天津纺织工学院",2000年与天津经济管理干部学院合并组建"天津工业大学"(图7.2-4)。

（4）畿辅大学

随着中国第一条铁路——京张铁路由詹天佑主张修建完成，全国各地的铁路线开始兴建，随之而来的便是对铁路人才的需求，畿辅大学应运而生。

1924年9月10日，畿辅大学于阜成门内的宗帽胡同创立，是以铁路科为主，兼及文、法、商科的私立大学，创始人兼首任校长为清朝进士、汉粤川铁路督办关赓麟。校园建筑采用对称式美国近代折中主义风格，中西建筑风格相互融合，是近代教育建筑的典型风格。

次年，位于宗帽胡同的校址迁到干面胡同交通传习所的旧址，并只保留铁路科，并区分三年制专门部和四年制大学部。不管是三年制完成，还是四年制大学毕业，各地方铁路运营方对毕业生的需求接踵而来，其工资待遇均在当地上游。

1928年10月10日，畿辅大学更名私立"北平铁路大学"。后又因国民政府不允单科大学存在，1933年又改名"北平铁路学院"。1936年2月，院址迁往大雅宝胡同前税务学校旧址，今空军招待所位置。1937年北平沦陷后停办，抗战胜利后复校，定名"北平铁路专科学校"。

1949年该校撤销，并入北平铁道管理学院，为今北京交通大学前身之一（图7.2-5）。

**图7.2-4 北京工业专门学校**

图片来源：张建华.工大的故事[M].天津：天津人民出版社，2017.

**图7.2-5 北平铁路学院（1937—1945年）**

### 7.2.3 新街口当代教育建筑一览

（1）北京教育学院附属中学

北京教育学院附属中学（简称教院附中）是由西城区两所各具特点的普通学校——北京市丰盛中学、北京教育学院西城分院附属中学组建。其悠久的办学历史可追溯到1920年代，最早为李大钊先生创办的志成中学和1950年代新中国创办的女子十中。

在校园建设上，教院附中有着实现全面信息化的现代教学楼和3000m$^2$的科技实验楼，内设国学教室、生物科学探索实验室、机器人工作室等，为学生开展丰富的学科、兴趣教育提供了优越的条件。此外，校园西侧操场、室内篮球场以及教学楼和实验楼围合而成的趣味活动空间，使学生在学习之余也能开展多样的体育活动，健康成长（图7.2-6）。

（2）北京第三十五中学

北京第三十五中学始建于1923年，前身为李大钊、邓萃英等15位教育名流创办的京师私立志成中学校，以"改变民族落后，发展教育事业，培养栋梁之材，有志者事竟成"为办学宗旨，1945年改名为"北京市私立新生中学"，1952年更名为"北京市第三十五中学"。

在校园建设上，北京第三十五中学对原址老建筑进行了充分保护。学校对伴其走过百年光阴的志成楼进行了充分保护，使其成为校园的一大亮点；此外，学校将原公用胡同41号、43号、45号院三套制式不同的老北京四合院进行了改造利用，设立国学馆，开展古籍研究、书法绘画、金石篆刻等传统文化课程，培养学生们的文化自信，弘扬国学。此外，校园新建建筑群采用青砖、灰瓦、红柱的中国传统建筑风格，坡屋顶与平屋顶并联，开辟平屋顶空间作为趣味活动区域，致敬历史的同时不失实用性（图7.2-7）。

北京第三十五中学是一所有着悠久历史的名校，更是一所对历史有着由衷敬重的学府。国学馆的创立、线装书申遗第一基地的落成、八道湾鲁迅纪念馆的设立以及围墙上一幅幅生动雕刻，无一不体现着北京第三十五中学对历史的深深敬意。

（3）北京黄城根小学

黄城根小学的前身为1904年创立的内务府三旗初等第六小学堂，校址就在西四北黄城根大街，它也是京城最早的公立小学之一。随着洋务运动的兴起，1906年和1909年又分别改称为"北洋官立第二小学堂"和"直隶官立第二小学堂"。后多次改名，1958年因市政府规定小学以街道为名，于是学校改成了现名。

值得一提的是，黄城根小学还是一所有着浓厚红色血脉的名校。1931年，日军侵华发动了"九一八"事变，其滔天罪行激起了在校师生的极大义愤，师生在校内高唱抗日救亡歌曲，参加游行抗议活动。

在校园建设上，黄城根小学主要由北侧足球场和南侧教学大楼组成，能够满足学生学习生活的基本需求。其南侧教学楼颇具特色，外立面由浅灰色砖块堆砌而成。体块左侧做教室功能，开窗众多，为虚；右侧做门厅等公共空间，立面大面积留白，为实。虚与实的结合，在凸显其实用性的同时，也不失美观。此外，设计者还将教学楼的屋顶空间纳入了校园规划之中，开辟屋顶空间作为学生活动区域，使孩子们在学习之余也能释放天性、快乐成长（图7.2-8）。

（4）北京外事学校

北京外事学校，始创于1980年，是与北京饭店联办的职业高中学府。学校旨在为旅游行业培养卓越的服务与管理人才，自1996年起，更荣获国家教委认证，成为国家级重点职业高中。其办学特色独具魅力，拥有宽广的招生规模、多元的专业设置以及多层次的教育体系，内涵丰富。

在校园建设上，北京外事学校由北侧广阔的运动场和南侧现代化的教学大楼组成，为学生提供了一个舒适的学习环境。其中南侧7层的教学大楼颇具特色，其一、二层外立面由古朴典雅的木色砖块铺装而成，其余5层为现代气息浓郁的浅黄色砖块堆砌，外带灰色格栅。这两种颜色的碰撞，凸显其现代化气息的同时，也保留了学校建筑典雅庄重的氛围（图7.2-9）。

（5）北京市第三中学

北京第三中学是一所历史悠久的学校，至今已有300余年的历史。它的前身是清雍正二年（1724年）建立的专收八旗子弟的右翼宗学，当时坐落在西单小石虎胡同。曹雪芹曾在右翼宗学供职十年，并在此构思了《红楼梦》。辛亥革命后，学校改为"京师公立第三中学校"，并搬至祖家街原祖大寿故居。人民艺术家老舍先生1913年曾就读于此。

值得一提的是，北京三中是一所有着光荣革命历史的名校。1919年五四运动时，三中的师生参加了游行。自此广大师生的革命热情急骤上涨，

图7.2-6 北京教育学院附属中学

图7.2-7 北京市第三十五中学

图7.2-8 北京黄城根小学

图7.2-9 北京外事学校

不少人受到俄国十月社会主义革命的影响，追随李大钊、邓中夏、鲁迅等革命前驱提出民主、科学，传播马克思主义，为新文化运动奔走呼号，传播革命火种。

1950年10月，学校改为北京市第三中学。如今，北京第三中学在祖大寿祠的基础上进行了扩建，校园由新建的8000m²的教学楼、2300m²的古典庭院文化区、塑胶跑道运动场、800m²的地下体育场馆四部分组成。其教学楼的位置原是祖家的宅院花园，如今改为现代风格的教学大楼。其古典庭院文化区属于清代官宦宅邸的典型布局，青砖灰瓦、中轴对称、古香古色，使学生既能在现代化的教学环境下接受良好教育，又能在古老祠堂中接受传统文化氛围的熏陶（图7.2-10、图7.2-11）。

图7.2-10 北京第三中学校门

图7.2-11 北京第三中学新建教学楼

（6）北京师范大学京师附小

北京师范大学京师附小的前身为创立于清光绪九年（1883年）的正红旗官学，至今已有140余年的历史。1903年，改为"八旗第四高等小学堂"，这是京城最早的小学之一。后经多次改名，最终于2015年11月，依北京市西城区机构编制委员会文件，更名为"北京师范大学京师附小"。

学校坐落于西四北四条南北两侧，分南北两校区。北侧校区对传统四合院院落进行了改造，为学生开辟了宽阔的活动场地，结合四合院的青砖灰瓦平房校舍，校园内幽静典雅又生机勃勃。不时传来的朗朗读书声，也为西四这一历史街区带来了些许青春的气息（图7.2-12）。

（7）北京市第十三中学诚毅分校（原北京第四十一中学）

北京市第十三中学诚毅分校是西城区一所建校历史悠久、办学质量高、传统优良的学府，其前身是1921年由著名教育家、北师大校长陈垣创办的平民中学，多年来培养了大批莘莘学子，造就了无数济济英才。

在校园建设上，校内设有教学楼、实验楼各一座，内有物理、化学、生物实验室，图书馆、阅览室及室内篮球馆、形体教室、室外运动场等设施，教学条件良好。作为身处西四历史街区的学府，校内建筑就地取材，充分借鉴了老北京四合院的建筑元素。青砖、灰瓦、红柱、坡屋顶的运用，使学生在校内外均能感受到历史的厚重（图7.2-13）。

図7.2-12　北京師範大学京師附小

図7.2-13　北京市第十三中学誠毅分校

## 7.2.4 新街口当代文化建筑一览

（1）西城区青少年儿童图书馆

为满足地区青少年的文化需求，西城区于20世纪90年代建立西城区青少年儿童图书馆，独立建制，为地区未成年人服务。作为北京最大的独立建制的青少年儿童图书馆之一，馆藏的大量幼儿书籍极大地满足了需求。作为以广大未成年人为对象的重要社会教育机构，西城区青少年儿童图书馆成为未成年人的第二课堂（图7.2-14）。

（2）西城区文化中心

西城区文化中心，也称西城区第一文化馆，1958年由西单区和西四区文化馆合并而来，现存为2013年新建场馆，位于西直门内大街147号（图7.2-15）。

跨越新世纪，西城区文化中心也在时代的变迁中不断创新升级。现如今超过5800m$^2$的活动场所，为居民提供文化娱乐活动一条龙服务，配备齐全的演出设施，让这座凝练文化的大熔炉更富时代感，汇聚着西城区特有的人文特色和文化精髓。

（3）西城区第一图书馆

西城区第一图书馆位于西城区后广平胡同26号，是一座拥有馆藏文献157万册的文化长廊。作为文化部评定的一级图书馆，它内设有旅游资料室、音乐资料室、古籍阅览室、地方文献室、中瑞可持续发展信息中心、德

图7.2-14　西城区青少年儿童图书馆

图7.2-15　西城区文化中心

图7.2-16　西城区第一图书馆

图7.2-17　中国儿童中心

语信息与德语自学中心、视障人阅览室和以"宣南文化"为特色的参考资料室8个特色厅室，承担着文献资料收集整理、文化传承、公益服务等社会责任。经过历史的变迁，它与地区居民一同成长，从一家普通的图书馆升级为网络自动化管理的综合性图书馆，成为北京市文化传承的一大载体（图7.2-16）。

（4）中国儿童中心

中国儿童中心成立于1982年，前身为中国儿童少年活动中心和中国儿童发展中心。它位于西城区官园公园南侧（原清朝质亲王府所在地），占地面积为8万m²，建筑面积34960m²，包括科学宫、艺术宫、体育馆、教学楼、影剧厅和多种儿童游艺设施（图7.2-17）。

作为儿童发展科学研究机构，它与联合国儿童基金会进行项目合作，开展儿童营养、心理、教育等方面的应用科学研究和咨询服务，调查分析中国儿童状况。同时，作为校外教育基地，中国儿童中心通过丰富多彩的主题教育活动，帮助广大儿童少年学习知识、陶冶情操、增长才干、健康成长。

（5）梅兰芳大剧院

梅兰芳大剧院位于北京西城区新街口街道官员桥东南角，始建于2003年，于2007年竣工，隶属于中国国家京剧院。它在设计上巧妙地融合了中国传统建筑元素，以中国红为主色调，是一座承载着中国传统艺术精髓和几代京剧人期待的为京剧量身定做的演出场所，更是一座"承载传统文化的现代建筑"（图7.2-18）。

（6）国家京剧院

国家京剧院成立于1955年，其前身为延安平剧研究所，首任院长为京剧艺术大师梅兰芳先生，剧院下设一团、二团、三团、梅兰芳大剧院及人民剧场等。作为全国京剧研究领域的最高机构，自建院以来，剧院汇集了一大批杰出的表演艺术家和剧作家、导演、作曲家、舞台美术家等，组成了享誉海内外的京剧艺术表演团体，承担着传承京剧文化、推动京剧发展、交流中外文化的重任（图7.2-19）。

在平安西里大街，国家京剧院与梅兰芳大剧院对望，使新街口成为北京市，全国乃至全世界的京剧文化圣地。

图7.2-18　梅兰芳大剧院

图7.2-19　国家京剧院

## 7.3 新街口典型的当代文教建筑

### 7.3.1 梅兰芳大剧院

梅兰芳大剧院坐落在西城区新街口街道官员桥东南角，用地面积2.2万m²，建筑面积1.3万m²，高度51m，设计于2003年，建成于2007年，为纪念国家京剧院的第一任院长梅兰芳大师而得名（图7.3-1）。

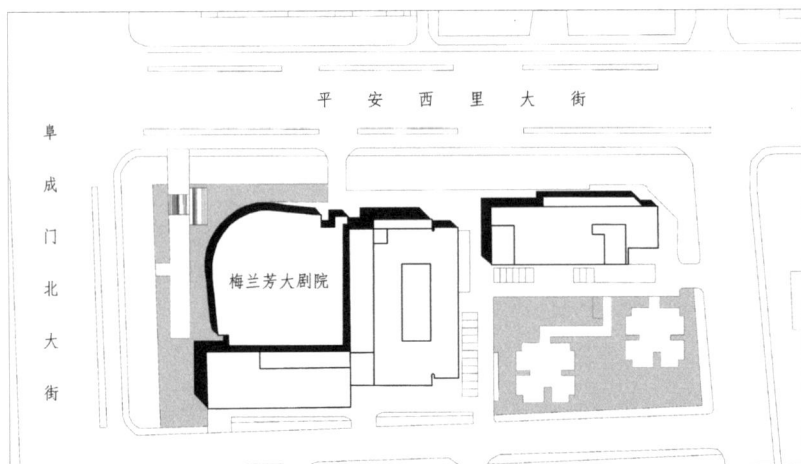

图 7.3-1　梅兰芳大剧院总平面图

梅兰芳大剧院，位于原国家京剧院的老院址，如今已经经过翻新，焕发新生，成为京戏曲表演和戏迷聚会的胜地。大剧院以"中国红"为主色调，设计融合了中国传统艺术的经典元素，鲜艳的红色立柱、高大的红墙、雕刻着经典京剧曲目的金色浮雕，无一不体现着中国特色。

设计者对梅兰芳大剧院的定位是"承载传统文化的现代建筑"，即把建筑当作一种承载中国传统文化精髓的"容器"。剧院借鉴了五代时期"折技花鸟"的工艺技法，主题墙面以散点镂空木雕布局的方式呈现了京剧三百年的辉煌历程，这种构图在朱砂大漆背景下，展现一种金碧辉煌的视觉效果，它们承载着传统京剧场景、京剧人物以及各种器乐道具等京剧文化的丰富内容，成为一部栩栩如生的京剧文化史书。远远望去，犹如一片巨大的皇城门钉，寓意着中国京剧文化的大门由此开启。这里，传统与现代相交融，梅兰芳大剧院成为传统艺术的闪亮明星，吸引着观众和艺术爱好者前来领略京剧的精髓（图7.3-2）。

在剧场设计上，梅兰芳大剧院设有大剧场和小剧场，前者可容纳1012名观众，而后者位于四层，可容纳约200人，基本可以满足大部分戏迷的观看需求。作为首座专为京剧艺术量身打造的演出场所，梅兰芳大剧院对京剧观演模式进行了深入研究和多项创新：改革了传统舞台台口区域的设计，合并真假台口，创造出更多的空间供京剧乐队使用；增加了独特的前舞台设置，使大型场所也能呈现小型戏剧；首次提出针对京剧近视距观演特点和适应国内票房特点的全新观众厅设计。并且，出于对创新的审慎态度，在国内演艺建筑设计中首次采用了1:1模型的验证过程（图7.3-3～图7.3-5）。

在音响设计上，采用具有国际水准的美国温格尔反声罩系统：以建筑声学为主，电声设计为辅，将建声设计、扩声设计、噪声控制、隔声处理融为一体，追求建声与数字化音响系统的完美结合，力求观众欣赏到的是演员、乐队不失真的真声传播。

图7.3-2 梅兰芳大剧院主题墙面

图7.3-3 梅兰芳大剧院小剧场

图7.3-4 梅兰芳大剧院大剧场

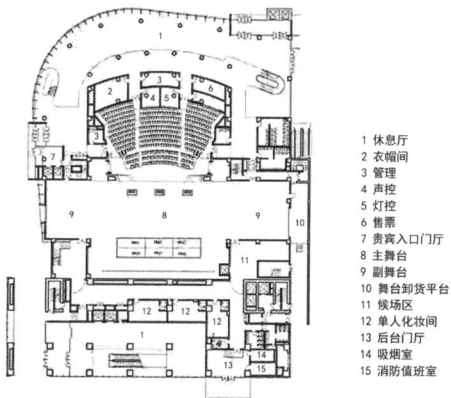

1 休息厅
2 衣帽间
3 管理
4 声控
5 灯控
6 售票
7 贵宾入口门厅
8 主舞台
9 副舞台
10 舞台卸货平台
11 候场区
12 单人化妆间
13 后台门厅
14 吸烟室
15 消防值班室

图7.3-5 梅兰芳大剧院大剧场平面图

新街口有许多文化建筑，其中梅兰芳大剧院性格鲜明，时代感强烈，在保留中国传统文化气息的同时，还在设计理念、使用性能上更具现代化气息，展现了文化建筑的新形象。

## 7.3.2 西城区文化中心

在西城区西直门内大街147号，坐落着一座凝聚西城区人文气息的建筑——西城区文化中心。这里是西城区文化的中心地，吸收来自不同地区的文化信息，汇聚凝练西城区特有的人文特色和文化精髓（图7.3-6）。

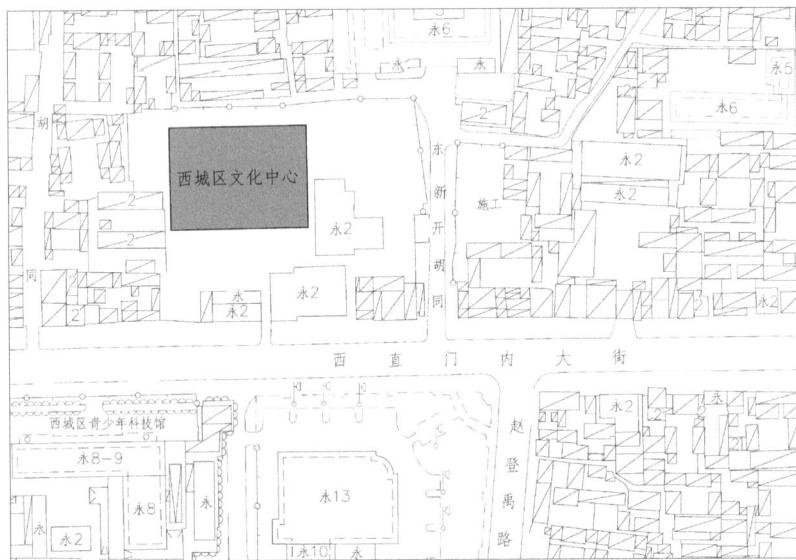

图7.3-6　西城区文化中心区位图

文化中心的历史可追溯至1958年，当时西单区及西四区两个区合并为西城区，原西单区文化馆与原西四区文化馆也随着西城区的诞生合二为一。1984年，为了改变文化馆地理位置不佳，设备设施破旧，无法满足开展群众文化活动的需要，并贯彻市文化局加强群众文化建设的精神，上级单位决定为西城区文化馆兴建新馆。

文化馆新馆于1992年建成，后来文化馆升级，于2007年5月正式搬迁到如今的新址，从古典风格转换到现代化的大楼建筑，文化馆也被赋予了时代的特色。

迁入新馆后，文化馆的功能设计立足于本区群众文化活动特色，设有以下特色空间。

首层大厅兼室内文化广场，建筑面积663.8m²。它可以容纳大型群众舞蹈排练、多样的展览，以及现场制作展示非物质文化遗产手工艺作品的活动等，是文化中心为广大群众倾心打造的群众文化乐园（图7.3-7）。

首层小剧场，建筑面积376.5m²，承担着文化馆京、评、越剧团队活动基地的角色。在各类活动和演出举行期间，小剧场向附近社区居民免费开放，在通过公益性活动锻炼文化馆专业团队的同时，也让附近社区居民在家门口享受中国传统文化盛宴（图7.3-8）。

首层展厅，建筑面积141.6m²，展厅内各类书法、字画、摄影作品琳琅满目，使参观者能够充分感受中国传统文化的熏陶。展厅内活动推拉展板的设计使展厅内展板的造型可任意调整，突出主题，为到文化中心学习、参观的广大书法、摄影爱好者提供了展示的平台（图7.3-9）。

多功能剧场，建筑面积1300m²，是西城区文化中心的重点活动功能厅室，设备总投资约1700万元，具备剧场、演播厅、会议、数字影院等功能，其升降合唱台、活动台口、LED显示屏、活动座椅等设备属全国一流水平，充分体现了满足本区群众文化多样性需求的设计思路，是开展多样性群众文化活动的综合性场所（图7.3-10）。

图7.3-7　首层大厅兼文化广场

图7.3-8　首层小剧场

图7.3-9　首层展厅

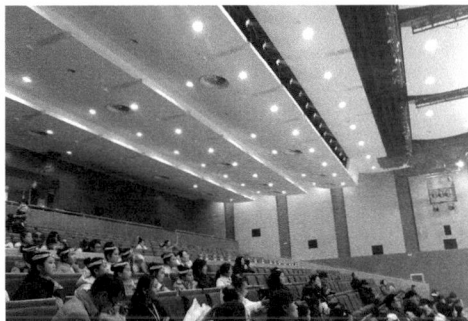

图7.3-10　多功能剧场

除此之外，文化中心还设有全市最大的综合舞蹈厅，多间开展文化艺术学科培训的活动室以及网球馆、游泳池、迷你高尔夫球场、健身房、棋牌室、台球室、乒乓球室、阅览室等功能厅室，为当地人民群众的休闲娱乐活动提供了便捷。

在新街口众多文化建筑中，文化中心的外观并不出众，而且其现代化的外观设计与旧城区有些格格不入。但在使用性能上，其设备一流的多功能剧场、典雅的京味小剧场、小巧精致的展览厅以及开展各类活动的厅室等，方便了人民群众开展文化活动，满足了"老干部、老年人、老百姓"的精神文化需求，无愧于"文化中心"之名。

## 7.4 新街口文教建筑评价及展望

### 7.4.1 新街口文教建筑评价

每当我们提起北京的胡同，总是能想到青砖灰瓦和时而传来的鸽子哨声。虽然乍一看杂乱无章，但它们的尺度无论从功能、设计思路、风水传统上其实都把握得很好，严格遵从几何图形，同时又不影响房屋建筑和装饰，这也是北京旧城区规划特有的优点。而现代建筑的融入，是对不适应城市发展进程的区域做的必要改造，使之重获新生，更好地适应一体化的城市环境。

西城区第一图书馆、西城区文化中心、国家京剧院等文教建筑，外观虽然缺乏特点，与旧城区传统风格并不相符，但满足了人民对相关文化生活的需要，突破了当地传统建筑的局限性，更好地适应了地区的城市化进程，值得肯定。

### 7.4.2 新街口文教建筑展望

为了让文教建筑更好地与新街口的传统风貌融合，笔者对新街口文教建筑的发展方向给出如下几点建议。

（1）加强旧城区保护，凸显旧城区文化特色

在以保护为原则、更新为目的的理念下，将保护优先的设计理念融入旧城区的更新工作中。政府应聘用高素质的专业设计团队，保护修缮受损历史建筑，以维护旧城区的整体风貌和环境，突出其独特的风格和特色。同时采取多种有效措施，完善旧城区更新的设计蓝图，以对旧城区进行合理的开发

和利用。除了政府应加大对旧城区保护更新的投入，民众也应积极支持、参与相关工作。通过全民共同努力，真正保护和完善旧城区的整体风貌，最大限度地保护其原貌，突显其地方特色，增添历史的厚重感，以防止旧城区在城市化进程中被遗忘和淹没。

（2）关注新老建筑传承协调

在城市更新设计中，不同时期和地域的历史建筑呈现出不同时代的特征和历史价值。为了保护这些宝贵遗产，我们应秉持文化传承的理念，最大限度地保留历史建筑的特点。同时，在充分挖掘旧城区和历史建筑自身价值的基础上，应巧妙平衡文化传承与经济发展之间的关系。通过重塑城市空间形式和功能，我们可以实现旧城区建筑与现代文化的协调融合，从而促进城市的可持续健康发展。

（3）关注新老建筑融合设计

现代文教建筑风格常受西方思想影响，为了打造具有中国特色的文教建筑，在设计时需注重融合，将传统建筑外观特点与现代实用功能相结合，实施新老建筑的共同设计，保留传统特色同时满足现代功能需求，以更好地展示中国传统文化形象。同时，坚持创新思维，研究融合两种建筑风格与形式，以塑造全新的新老融合的文教建筑形态。

8

多元发展的新街口建筑文化

北京新街口是北京历史文化名城的重要组成部分，元明至今，以其丰富的遗产、多元的历史文化闻名于世。在这片城区，古老与现代、传统与创新交织在一起，形成了独特且魅力十足的文化景观。

作为北京城内的一个重要区域，新街口在城市结构上与东城区的北新桥路口对称，是构成北京对称格局的重要组成部分。广义上的新街口则是指新街口街道，是西城区下辖街道，整个地形呈长条形，四至规整，南北距离大于东西距离，区域面积3.7km$^2$。

新街口是北京文脉核心之一，是北京建筑发展的缩影，这里遍布历史古迹，见证了北京城重大的历史变迁。从元代大运河开凿形成的羊角市，到明清时期在此设立的街市，再到新中国成立之后在此建造的百货商场，新街口始终在北京商业格局的变迁中承担着商市核心的职能。新街口聚集了众多新旧交替、中西汇合的建筑遗产，既有中西建筑的文化碰撞，又有传统与现代的历史交接，古今中外汇聚于此，形成了多元建筑文化的融汇之地。新街口的建筑文化遗产如此丰富和珍贵，值得我们梳理、研究、保护和传承，这对于北京老城的保护和建设具有重要的意义。

## 8.1 厚重的历史

无论从地理位置上，还是从历史发展来看，新街口都是北京城极为重要的组成部分。

新街口作为北京建城、建都的区域地段，曾经与古蓟城、唐幽州、辽南京、金中都都有密切的关联。元代北京城开凿了漕运水道——通惠河，并形成了积水潭，成为新街口的重要标志，也开启了商业中心的城市功能。明代开始为了防御的需要，修筑城墙，出现了缺角的西直门城墙的边界，一直沿用了下来，成为新街口西北部的边界。

明代随着积水潭的填埋改造和开发利用，开辟了地块的主要道路——"新开路"，就是今天称呼的"新街口"。明代该地区与四个坊衔接，到了清代实施满汉分居的政策，新街口由正红旗大部及正黄旗西北部一角组成。清末民初，该区域经济衰退，日渐没落。民国时期文教的兴起，成为新街口的另一重要特色。新中国成立之后，经过不断的建设，新街口已经面貌一新，经济、文化等方面长足发展，呈现新的气象。

新街口名人荟萃，据不完全统计，30余处名人故居散布其中，有全国重点文物保护单位鲁迅旧居、北京市文物保护单位程砚秋故居等，这些建筑遗产是宝贵的文化财富。除此之外，还有上百位名人曾在此活动，留下了历史印记，包括文学、戏剧、影视、书画等各个行业的名人，文化底蕴与生俱来。新街口还记录了红色革命历史，"一二·九"抗日救亡运动就曾在这里上演。

如今的新街口拥有众多古老的街巷胡同和丰富的历史文化资源，是皇城文化、士子文化、民俗文化、宗教文化以及商业文化等各种文化共存的区域。

## 8.2 多元建筑文化

新街口作为西城区的重要组成部分，见证了北京城三千年历史文脉连绵不断的历程，自元朝建都开始至明清都城发展完善，也是能体现北京建城、建都历史变迁全过程的重要区域。

新街口的建筑是以近代北京传统居住建筑为主的多类型的建筑形式，在这里你可以体验到中西多元建筑文化的融合汇聚。

尽管经历了多年的城市改造，许多历史遗迹已经消失，但在保留下来的胡同巷弄中，很多传统的院落和生活方式延续下来，让人们依然体验到了历史的延绵。

（1）传统四合院

北京四合院是北方传统民居的典型形式，经过元明时期不断发展，清中期时一度形成庞大的规模，构成了特色的城市肌理。据《乾隆京城全图》的信息显示，当时北京的四合院总量达到26000多座。后来因为各种原因，数量不断减少，但现今还保存了很多传统的胡同和院落，无论作为单体建筑还是街道片区，都是北京老城风貌不可缺少的部分。

这些四合院除了内部空间特色之外，沿街的门楼也是一大特色，在新街口西四地区表现得非常突出。无论是宏伟的广亮大门，还是如意门，西洋门，都展示了不同的建筑文化艺术。

（2）宗教建筑

新街口地区宗教建筑数量繁多且种类丰富，经统计，共存在138座宗教建筑，种类包括寺庙、教堂、清真寺，如全国佛教协会所在地广济寺、元代建造完成的妙应寺、经历过多次重建的西直门教堂以及异地重建的正源清真寺等，以上共同构成了斑斓夺目的宗教文化。

其中，数量最多的当属佛教建筑。在北京老城区，佛教寺庙建筑是一大亮点。从乾隆年间到新中国解放前，北京城的寺庙数量不少于1500座，大大小小的寺庙曾经遍布街巷胡同。新街口地区，历史上的寺庙建筑有100多座，从皇家、官宦建造的寺庙到普通百姓建造的小庙，各种规格服务于不同的生活层级。

新街口的宗教建筑还包括教堂建筑，如被称为北京西堂的"西直门天主教堂"，最早可以追溯到雍正年间，数次被毁重建，巍然屹立，气势宏伟，是北京老城重要的文化遗产。

（3）王府建筑

王府建筑是北京城特有的建筑类型，是清代诸王兼行政与生活的居所，也是仅次于皇宫的建筑群组。据不完全统计，自清代以来，新街口地段的王府建筑多达14处，明确标注位置的王府建筑共有5座，其中现存较为完整的王府仅2座，即魁公府和礼多罗贝勒府，分别为区级文保单位和挂牌保护院落。

从存留下来的王府建筑看，无论是空间形制、建筑规格、环境布局都有很多独到之处，值得挖掘整理。

新街口王府建筑经历了新中国成立之后的改造、"文革"中的破坏，以及改革开放后的城市建设，原有的建筑存留很少，很多仅存个别遗迹，一鳞半爪，已无整体可言。深入研究和保护利用的工作非常紧迫。

## 8.3 传统与现代交织

随着新时代的来临，建筑的新理念和新形式不断涌现，在新街口这样历史悠久的街区，正在经历着如何平衡延续和发展的抉择，使传统建筑文化与新兴建筑文化交织共生。

（1）传统的城市元素

在过去的几百年里，新街口地区作为京城的商业和文化中心之一，留下了许多传统的居住建筑和社区。它们不是简单分布的散点建筑，而是有机的城市片区，按照由大到小的形态构成，主要分为以下三个层次。

①坊市

坊市是一种古老的商业街区，包括一条主要街道，两侧有商铺、店面和住宅，是古代居民生活的一种形式体现。新街口地区跨越历史上曾经出现的好几个这样的街坊，如明朝时期划分的日中坊、朝天宫西坊、河槽西坊、鸣玉坊等，尽管有各种划分，其实是一个社区化的整体。

②胡同

胡同是北京老城传统的街巷，通常是窄窄的弯曲街道，两侧环绕着四合院和其他居住建筑。胡同是社区居民生活的重要部分，居民在胡同里交流、活动和互动，形成了浓厚的社区文化，胡同是传统生活状态延续的某种体现。新街口片区的大量胡同是市民生活的历史见证。

③四合院

四合院是典型的北京传统居住建筑的形式，也是构成北京老城的基本单元，探其历史，从元开始，经过明清的演变，不断丰富和完善，尤其是头条至八条的区域更保留了大量的四合院案例，它们与胡同街巷有机构成，既是老城的基本单元，也是传统生活延续的场所空间。

不过，随着城市发展和现代化的进程，北京老城传统居住形态受到了影响，一些四合院被改建或拆除，胡同也可能面临拆迁，传统城市文化的传承与保护面临着考验。

（2）现代风格的福绥境大楼

新街口不仅有传统的街巷，也有现代风格的居住建筑，最典型的实例就是福绥境大楼，这也是该地区非常特殊的实例。

福绥境大楼是老一辈人心目中的"人民公社大楼""共产主义大厦"，也是时代留下来的珍贵遗产。福绥境大楼的建造是在法国马赛公寓竣工之后，其形式和功能也在一定程度上受到了马赛公寓的影响，并且体现了人民公社的理想，餐厅、幼儿园等公共设施对这个社区开放。各行各业的先进分子、优秀人才经过选拔才能入住福绥境大楼，这也是一种荣誉和社会认可。

福绥境大楼的价值不仅仅在其现代主义的功能和现实，更在于其背后包含的历史记忆。

（3）现代文教设施

此外，新街口地区还是知识和智慧的聚集地。众多的学校、科研机构和文化艺术中心集聚于此，为这片区域带来了浓厚的学术氛围。现代的艺术展览、文化活动也在这里丰富多彩地展开，展示着当代社会的创新和活力。

近代以来，新街口一直各类学校云集，是北京重要的文教中心区。早在1903年，新街口地区就出现了高等实业学堂这一本土公立高校。民国初期，北京近代高校步入一个全新的发展阶段，这一时期新街口地区的教育建筑发展也达到一个高潮，若干高等学校相继建成。比如，1912年从保定迁至西直门内崇元观旧址的陆军大学，由高等实业学堂改组的北京工业专门学校，1918年创办的北京美术学校，建于1924年的畿辅大学等。

新中国成立后，我国建设了更多的博物馆、文化宫、展览馆、剧院等文化设施，文教建筑除了学校建筑之外，还包含更多的内容。新街口地区建成的文教建筑有1955年由延安评剧研究院改组的国家京剧院，以及由西单区、西四区图书馆合并而来的西城区第一图书馆。

改革开放之后，中国建筑创作进入了一个空前繁荣的多元时期。此时，新街口的文教建筑有了很大的发展，例如1982年由中国儿童少年活动中心和中国儿童发展中心合并而来的中国儿童中心，1998年建成的西城区青少年儿童图书馆，1999年建成的西城区第一图书馆新址，2007年建成的西城区文化中心新馆等。他们与之前的文教建筑相比，更多地体现了现代主义的功能理性精神。除此之外，建于2007年的国家京剧院分院——梅兰芳大剧院，该建筑在时代技术美的追踪、隐喻与象征的表达、文化内涵与场所精神的塑造等方面均有突出的表现。

总之，北京新街口地区以其丰富的历史积淀、多元的文化特色、知识智慧的传承以及国际交流的活力，成为独特的文化厚重之地。在这里，人们可以感受到传统与现代、中华与世界的交汇，体验到历史与现实、多样与融合的和谐。

在思考新街口建筑文化的时候不应割裂地分析理解某一个历史片段，而应全面整体地接受多元文化的形态，而且这种文化仍然在延续和发展之中。

## 8.4 未来的发展

毋庸讳言，历史街区在发展的过程中会遇到很多问题，尤其是以前人们保护的观念没有跟上，加之城市建设力度很大，许多胡同、院落甚至比较重要的建筑都受到了破坏。此外，过度商业化的倾向也是对历史街区的一大威胁。对新街口区域城市风貌影响较大的就是过去实施的规模较大的新建，在西侧及北侧地段比较突出。

对于业已发生的变动已经无法挽回，面对当前城市更新的新状态，我们应当引起充分的认识，严格恪守保护原则，传承弘扬城市文化，停止一体化的街区改造活动。

（1）价值认同，保护先行

历史街区的价值是一种复合的文化形态呈现，挖掘和认同文化价值是启动保护更新活动的必备工作。新街口历史街区历史悠久，文化价值内涵丰富且深厚，亟需深入挖掘，确立文化传承的载体。

同时对其价值全面梳理，进行广泛的宣传，让公众了解和认可，树立保护意识。

面对所有的建筑遗产，必须把保护放在第一位。

在普及和提升保护意识的同时，应该同时跟进保护措施，其中很重要的一条就是制定实施相关的法规条例，这是城市建筑遗产保护落实的一个前提。

（2）优化管理，构建体系

当前的管理机制还不健全，在一定程度上制约了文化遗产保护的进行。

城市建筑遗产的保护需要城市各阶层及政府各部门相互协作来完成，这需要在政府主导下共同努力来实现。

虽然建筑遗产都位于新街口，但它们情况各异，都处于不同的社区，各个区域还都是相对分散的，在管理过程中需要一定程度上突破部门职能和行政区划，设立保护机构，实施统一的管理。文物部门、建设部门、宣传及文化旅游部门、教育部门等都应该建立联动的体系和机制，面对涉及建筑遗产方面的情况，统一行动，各负其责。

（3）积极开放，活化创新

在党和国家的关怀下，当前我国建筑遗产的活化利用正在如火如荼地展开，在文物领域都已经颁布了开放利用的导则，倡导文化遗产进入我们普通人的生活，继续承担社会功能，发挥出应有的作用。

以新街口为例，在文化传承方面，还应考虑到发展的空间，一个有活力的街区不会拒绝新的事物，在新街口已经形成了新旧文化共生的状态，出现了蓬勃发展的活力。

以新街口为例，除了经济活跃的区域，其他功能比较单一的社区，也要引导鼓励好老建筑的活化利用，并且最大程度地保持传统特色及城市风貌。

（4）全民参与，提高认同

文化遗产不能高高在上，脱离群众、脱离社会，否则任何的保护都失去了意义。在公众参与的方面应该借鉴国内外的先进经验，让市民主动积极地参与建筑遗产的保护和利用，这是享有建议并参与决策的权利，并将形成一个制度。不能使公众参与仅仅体现在遗产发生重要改变的当口，那样只会体现出被动和无序的状态。

公众参与这方面，北京老城的居民天生就有积极参与的热情，政府要做的事就是善于引导，尽可能发挥其有利的一面。

参考文献

[1] 北京市规划委员会.北京旧城二十五片历史文化保护区保护规划[M].北京：北京燕山出版社，2002.

[2] 北京市文物研究所.北京历史文化论丛（第3辑）[M].北京：北京燕山出版社，2009.

[3] 窦忠如.北京清王府[M].天津：百花文艺出版社，2007.

[4] 王梓.王府[M].北京：北京出版社，2005.

[5] 段柄仁.北京四合院志[M].北京：北京出版社，2016.

[6] 陈曦.建筑遗产"修复"理论的演变及本土化研究[J].中国文化遗产，2019（1）：17-23.

[7] 成志芬，张宝秀.北京东、西城区非文物保护项目名人故居保护比较研究[J].兰台世界，2012（31）：85-86.

[8] 陈宇峰.明中都历代帝王庙建筑形制研究[D].南京：南京工业大学，2018.

[9]《城市记忆——北京四合院普查成果与保护》编委会，北京市古代建筑研究所.城市记忆：北京四合院普查成果与保护 第1卷[M].北京：北京美术摄影出版社，2013.12.

[10] 冯其利.寻访京城清王府[M].北京：文化艺术出版社，2006.09.

[11] 郭丽玲.北京四大天主教堂建筑研究初探[D].北京：北京建筑大学，2013.

[12] 街道街巷胡同编委会.闾巷塔影-新街口街道街巷胡同史话[M].北京：中国文史出版社，2021.

[13] 李中华.中国文化概论[M].北京：华文出版社，1994.

[14] 李秋生，闫岩.难忘旧时处：北京名人故居摄影图集[M].北京：东方出版社，2017.

[15] 李国庆.名人故里：独具魅力的旅游景观[J].人民论坛，2019（5）：128-129.

[16] 李诗强.宁波市名人故居保护评价体系与方法研究[J].规划师，

2011，27（S1）：249-251，259.

［17］刘迪，唐婧娴，赵宪峰，等.发达国家城市更新体系的比较研究及对我国的启示——以法德日英美五国为例［J］.国际城市规划，2021，36（3）：50-58.

［18］刘临安，陆翔编著.北京王府建筑［M］.北京：中国建筑工业出版社，2016.

［19］刘季人.北京西城文物史迹（第1辑 上）［M］.北京：北京燕山出版社，2011.

［20］罗哲文，范纬.中国古塔［M］.上海：上海文化出版社，1997.

［21］黎晓红，宗朋，刘墨非.中国人民政治协商会议北京市委员会.老北京述闻.名人故居［M］.北京：北京出版集团，2021.

［22］（明）张爵.京师五城坊巷胡同集［M］.北京：北京古籍出版社，1983.

［23］马炳坚.历代帝王庙修缮设计［J］.古建园林技术，2004（3）：3-16，27.

［24］秦红岭.城默：北京名人故居的人文发现［M］.武汉：华中科技大学出版社，2012.

［25］全国政协文史和学习委员会，北京市政协文史和学习委员会.名人故居博览·北京卷［M］.北京：中国文史出版社，2008.

［26］（清）朱一新.京师坊巷志稿［M］.北京：北京出版社，1962.

［27］石国鹏.话说妙应寺白塔［J］.佛教文化，1999（1）：17-20.

［28］王强，刘飒.基于文化旅游视角的北京市南锣鼓巷名人故居开发研究［J］.经济研究导刊，2011（27）：170-172.

［29］文丹.英国名人故居保护的蓝牌制［J］.中国文化遗产，2006（2）：36-37.

［30］王曦晨.北京弘慈广济寺历史建筑研究［D］.北京：清华大学，2014.

［31］王越.胡同与北京城［M］.北京：中国地图出版社，2011.

［32］吴文治.我国名人故居保护性利用的问题与对策［J］.山西档案，2018（2）：139-141.

［33］薛林平.中国佛教建筑之旅［M］.北京：中国建筑工业出版社，2007.

［34］徐威.北京汉传佛教史［M］.北京：宗教文化出版社，2010.

［35］杨小琳.元大都大圣寿万安寺与白塔建筑布局形制初探［D］.北京：中央民族大学，2012.

［36］袁媛，黎晓宏.老北京述闻胡同街巷［M］.北京：北京出版社，2021.

［37］叶俊，郝英娥.体验经济下大别山红色旅游产品深度开发研究—以红安县为例［J］.市场论坛，2015（4）：76-78.

［38］张羽新.中国寺庙宝典：华北东北卷［M］.北京：中国藏学出版社，2002.

［39］赵志忠.北京的王府与文化［M］.北京：北京燕山出版社，1998.

# 致谢

本书选题源于北京建筑大学未来城市设计高精尖创新中心、北京联合大学与北京市西城区人民政府新街口街道办事处的合作探索，我们的研究团队跟踪研究新街口片区多年，通过不断的调查和深入研究，与该片区的居民形成良好互动，将高校专业理论与北京街区保护更新实际结合起来，形成了高校智力资源与街道高质量发展融合的工作模式，取得了双赢的局面。

这些研究内容包括西四北大街的城市更新、西四北三条的更新设计、玉桃园街区的历史演变、西四历史街区的门楼研究等，此外还结合历史建筑保护专业本科生的毕业设计和研究生的研究课题对西四和阜成门内大街历史街区的整治和活化利用进行了深入的探讨，所取得的成果有力地支持了片区的改造和更新，得到了社会的充分肯定。今后我们还将沿用这样的方式，继续深入合作，为新街口片区，也为北京老城的更新发展做出更大的贡献。

本书的出版首先要感谢新街口街道办事处各位领导的大力支持，尤其是焦扬、马达、朱骅、高艺玮等同志给予的无私帮助。

此外，还要感谢北京建筑大学新街口责任规划师团队的深度参与，以及建筑学院的硕士研究生：张凌雨、张潇、李玥、贾永强、王丽娟、王冠东、钱海涛（排名不分先后）等为本书所做的大量基础工作。